国家级示范性高等院校精品规划教材

工程制图习题集

朱廷祥　龚斌　苏明　主编

天津大学出版社
TIANJIN UNIVERSITY PRESS

内 容 提 要

本习题集与朱廷祥、龚斌、苏明主编的《工程制图》教材配套使用，主要内容包括：制图的基本知识和技能，投影基础，组合体，轴测图，物体的表达方法，螺纹、齿轮及常用的标准件，第三角投影，零件图，装配图，钢筋混凝土结构图，房屋建筑图，钢结构图，共十二个单元。

本书适用于高职高专院校机械类或非机械类专业学生使用，也可供机械工程技术人员参考。

图书在版编目(CIP)数据

工程制图习题集/朱廷祥，龚斌，苏明主编. —天津：天津大学出版社，2010.9（2016.7重印）
国家级示范性高等院校精品规划教材
ISBN 978-7-5618-3682-8

Ⅰ.①工… Ⅱ.①朱…②龚…③苏… Ⅲ.①工程制图-高等学校-习题
Ⅳ.①TB23-44

中国版本图书馆 CIP 数据核字(2010)第 166625 号

出版发行 天津大学出版社
地　　址 天津市卫津路 92 号天津大学内(邮编：300072)
电　　话 发行部：022—27403647
网　　址 publish.tju.edu.cn
印　　刷 天津泰宇印务有限公司
经　　销 全国各地新华书店
开　　本 260mm×185mm
印　　张 18
字　　数 230 千
版　　次 2010 年 9 月第 1 版
印　　次 2016 年 7 月第 3 次
印　　数 1—3000
定　　价 30.00 元

前　　言

本习题集与朱廷祥、龚斌、苏明主编的《工程制图》教材配套使用。本书力求反映高职高专的教学特点，以高等职业教育的人才需求为出发点，根据高职高专的培养目标、教学要求和教育特点，结合工程制图课程教学改革实践经验，重点培养学生的空间想象能力和空间思维能力。

考虑到教材的完整和使用时的方便，本书在内容上有适当的裕量，教师可根据教学需要和教学条件进行取舍。

由于编者水平有限，加之编写时间仓促，书中难免有遗漏和错误之处，恳请读者指正。

编　者

2010 年 5 月

目　　录

第一单元　制图的基本知识和技能

一、线型练习

1-1　线型练习

线型练习

(一)作业目的

1. 熟悉主要线型的规格，掌握图框及标题栏的画法。

2. 练习使用绘图工具。

(二)内容与要求

1. 按教师指定的图例，抄画图形。

2. 使用 A4 图纸，竖放，不注尺寸，比例 1∶1。

(三)绘图步骤

1. 画底稿(用 2H 或 3H 铅笔)。

(1)画图框及对中符号。

(2)在右下角画标题栏。

(3)按图中所注尺寸作图。

(4)校对底稿，擦去多余的图线。

2. 加深(用 HB 或 B 铅笔)。

(1)画粗实线圆、细虚线圆和细点画线圆。

(2)依次画出水平方向和垂直方向的直线。

(3)画 45°的斜线，间隔约为 3 mm。

(4)用长仿宋体字填写标题栏。

(四)注意事项

1. 绘图前，预先考虑图例所占的面积，将其布置在图纸有效幅面(标题栏以上)的中心区域。

2. 粗实线宽度采用 0.7 mm。为了保证线型符号标准，对于细虚线和细点画线的线段与间隔，在画底稿时，就应正确画出。

3. 细点画线的线段与“点”要一次画出，不要画好线段后再加画“点”。

(五)图例(见右图)

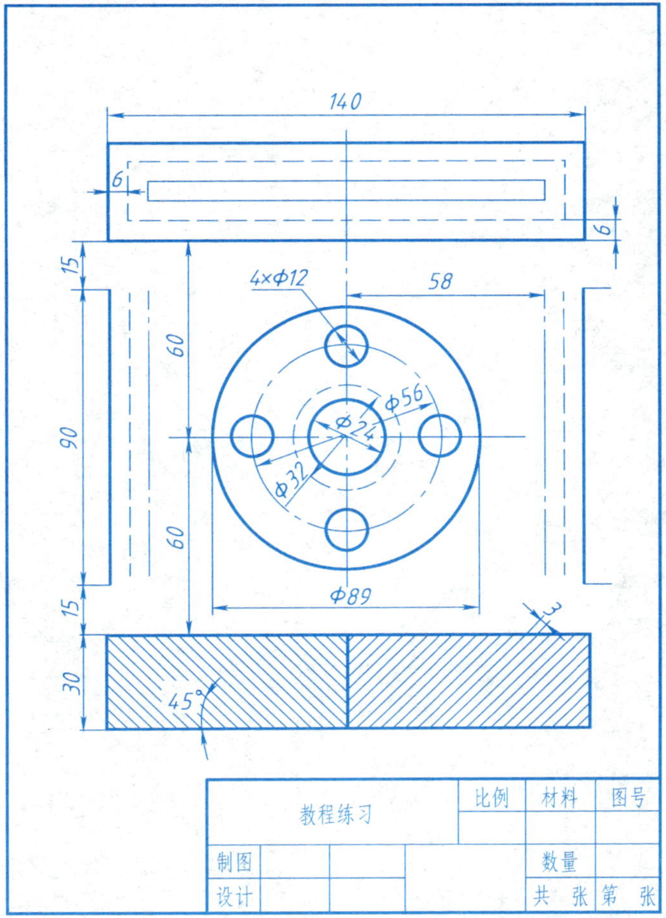

二、尺寸标注

1-2 圆和圆弧尺寸标注及线性尺寸标注

1. 标注圆和圆弧的直径或半径尺寸。

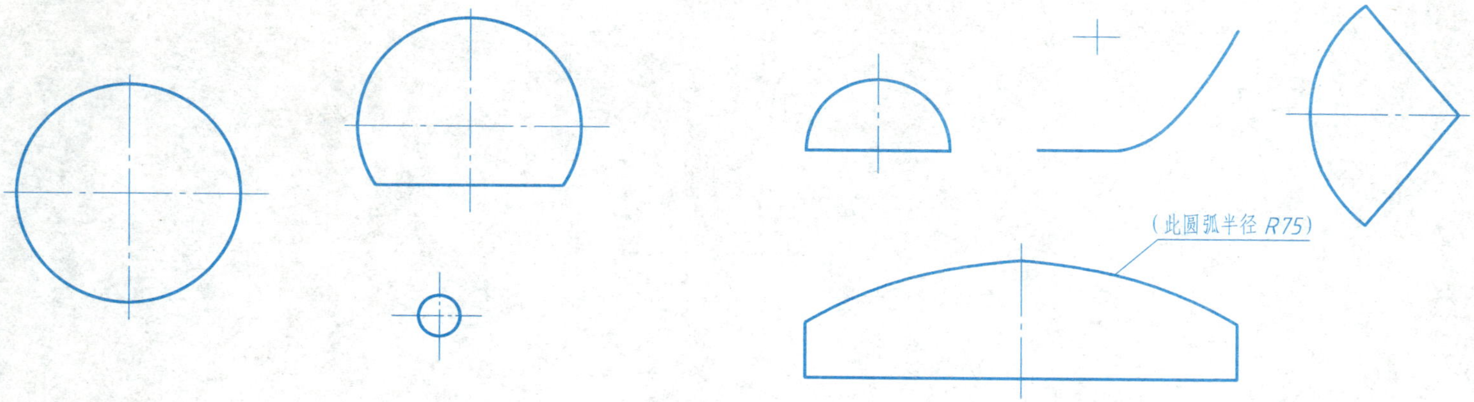

2. 指出图中尺寸标注的错误，并在右图中正确标注。

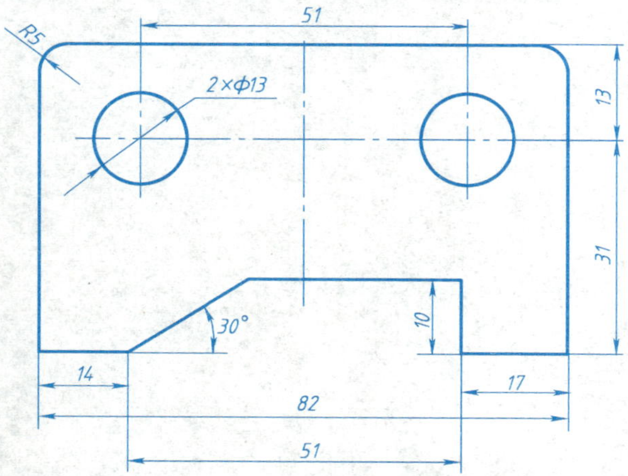

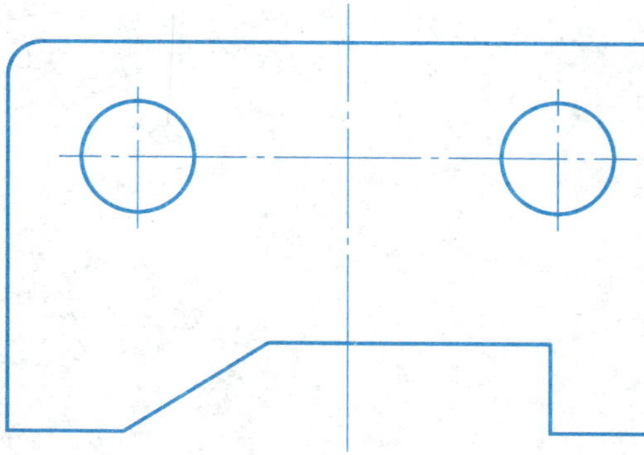

1-3　按 1：1 标注尺寸（从图中量取整数）

1.

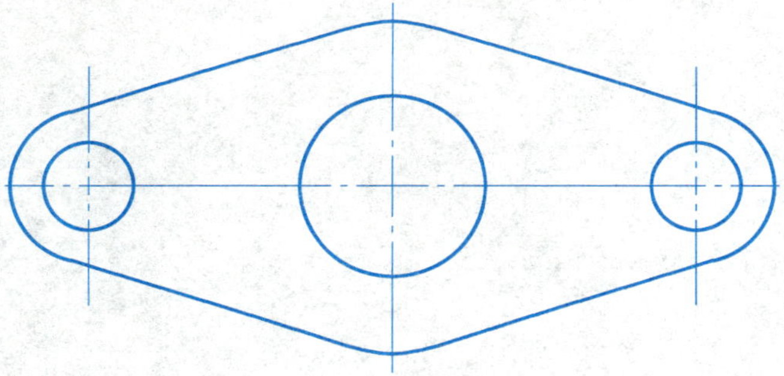

2.

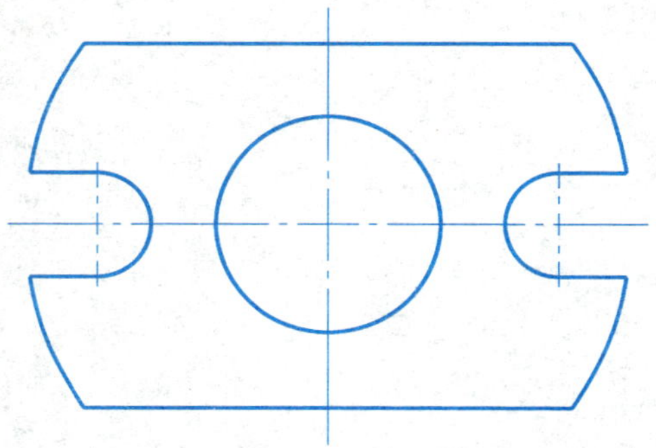

3.

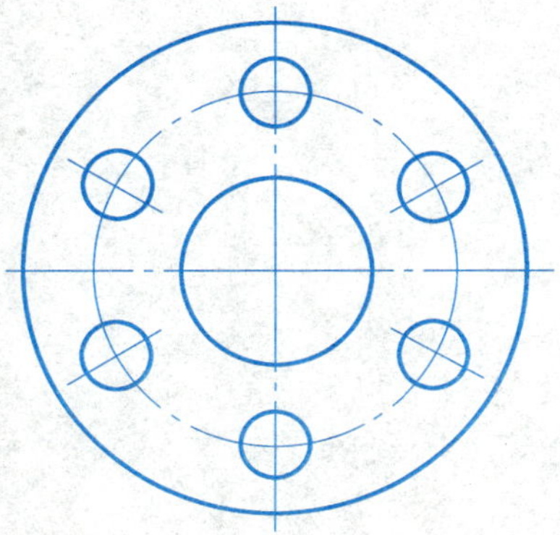

4.

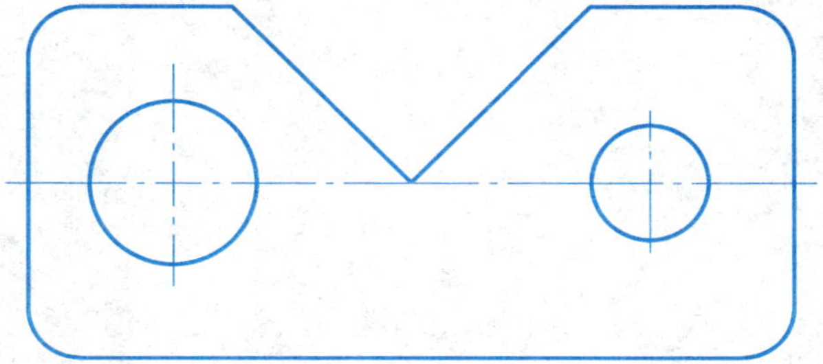

1-4 作圆的正多边形及圆弧连接

1. 依据图形下方的要求，作圆的内接正多边形。

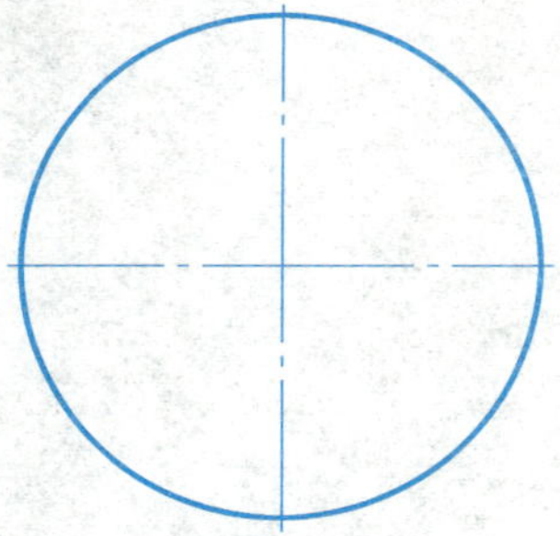

作内接三角形

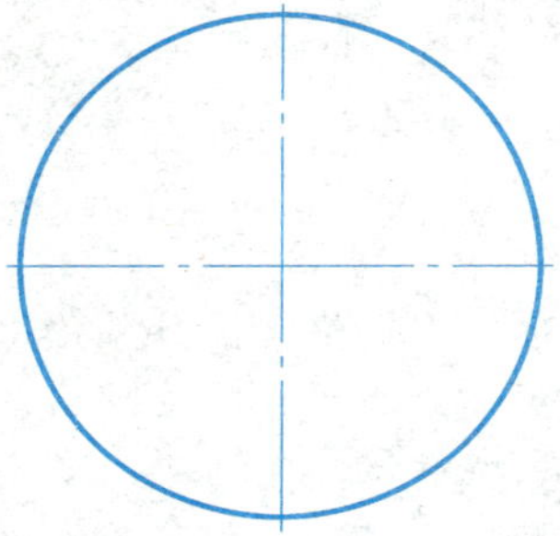

作内接六边形
（顶点在右方）

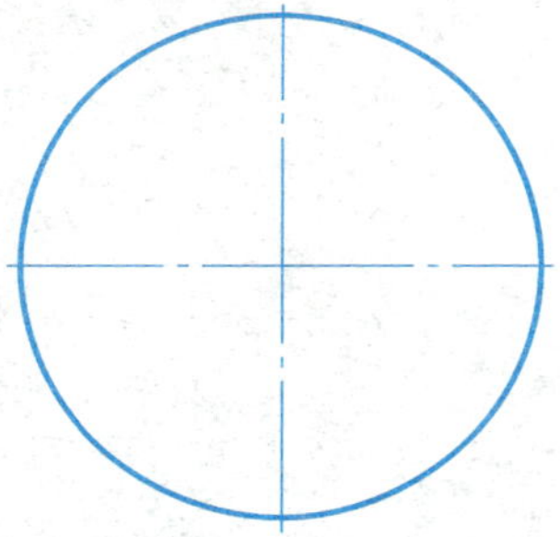

作内接六边形
（顶点在上方）

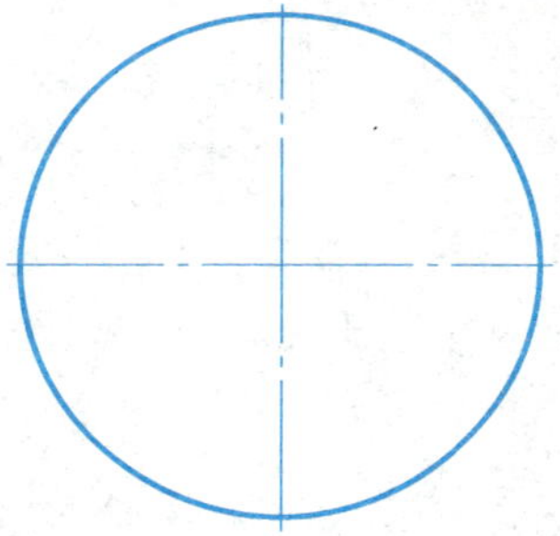

作内接五边形
（顶点在上方）

2. 根据图例，按比例 1∶1 在指定位置完成下列图形的线段连接，标出连接弧的圆心和切点。（保留作图痕迹）

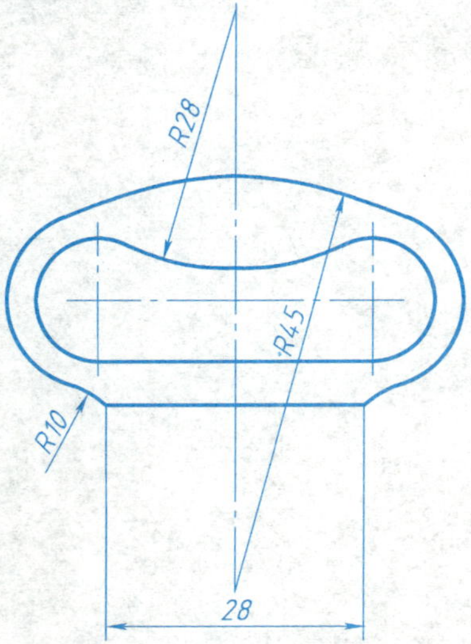

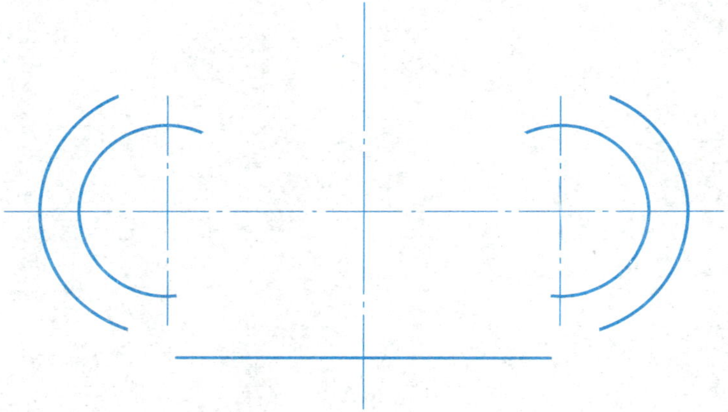

1-5　根据图例，按比例 1∶1 在指定位置完成下列图形的线段连接，标出连接弧圆心和切点(保留作图痕迹)

1.

2.

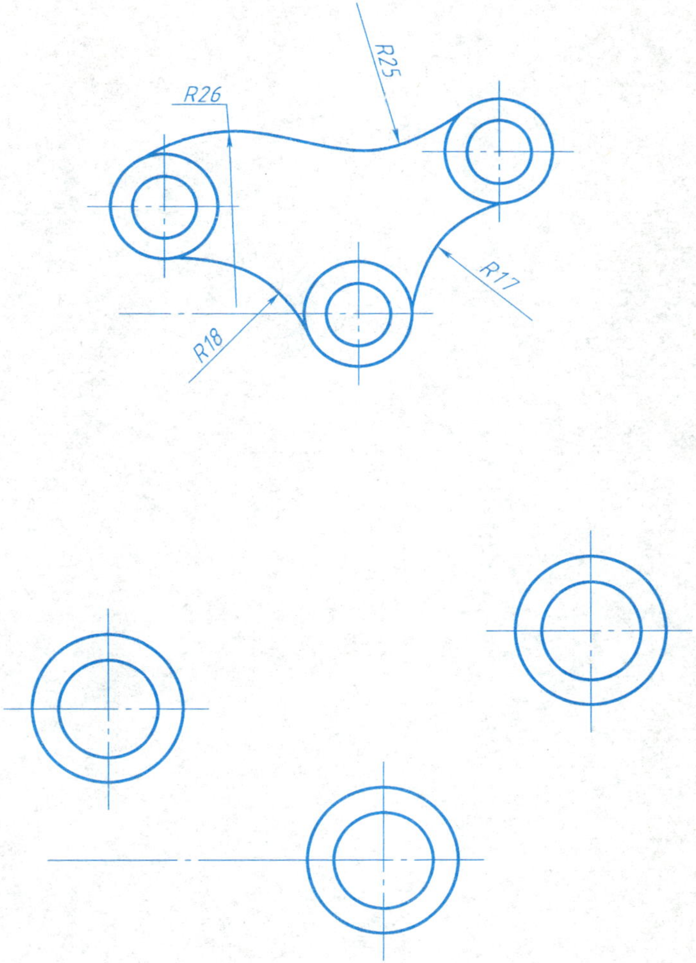

1-6 斜度和锥度

1. 按规定的斜度，补画下列图形中的缺线。

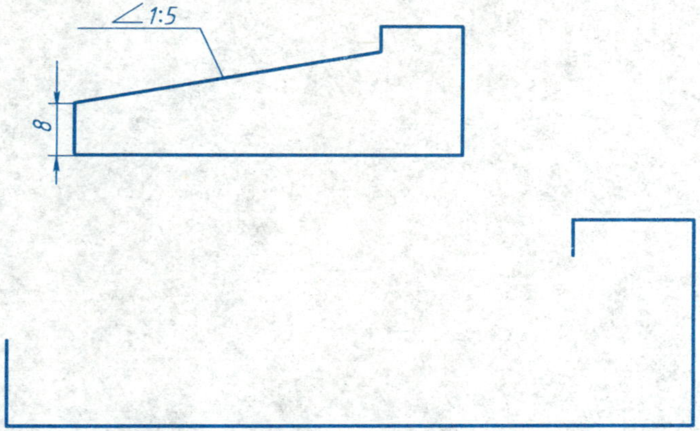

2. 按规定的锥度，补画下列图形中的缺线。

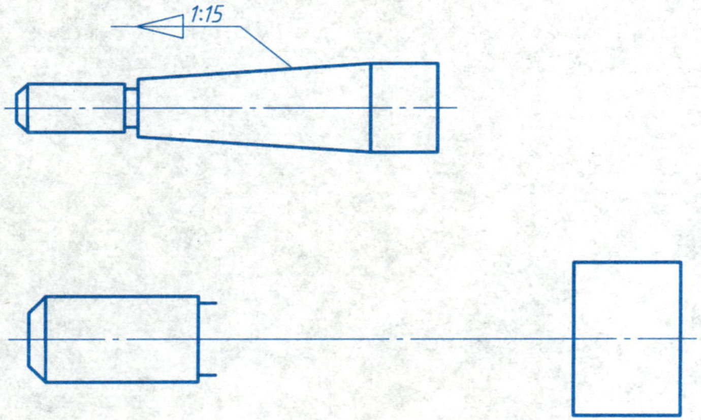

3. 按长轴 90、短轴 60 画椭圆。

抄画平面图形

(一)作业目的

1. 熟悉平面图形的绘图步骤和尺寸注法。
2. 掌握线段连接的作图方法和技巧。

(二)内容与要求

1. 按教师指定的题号，绘制平面图形并标注尺寸。
2. 使用A4图纸，自己选定绘图比例。

(三)绘图步骤

1. 分析图形中的尺寸作用及线段性质，确定作图步骤。
2. 画底稿。

(1)画图框和标题栏。

(2)画出图形的基准线、对称线及圆的中心线等。

(3)按已知线段、中间线段、连接线段的顺序，画出图形。

(4)画出尺寸界线、尺寸线。

3. 检查底稿，标注尺寸。
4. 描深图线，填写标题栏。
5. 校对、修饰图面。

(四)注意事项

1. 布置图形时，应留足标注尺寸的位置，使图形布置均匀。
2. 画底稿时，作图线应细淡而准确，连接弧的圆心及切点要准确。
3. 加深时必须细心，按“先粗后细，先曲后直，先水平后垂直、倾斜”的顺序绘制，应做到同类图线规格一致、连接光滑。
4. 箭头应符合规定，并且大小一致。不要漏注尺寸或漏画箭头。
5. 保持图面清洁。

(五)图例

见右图及下页图。

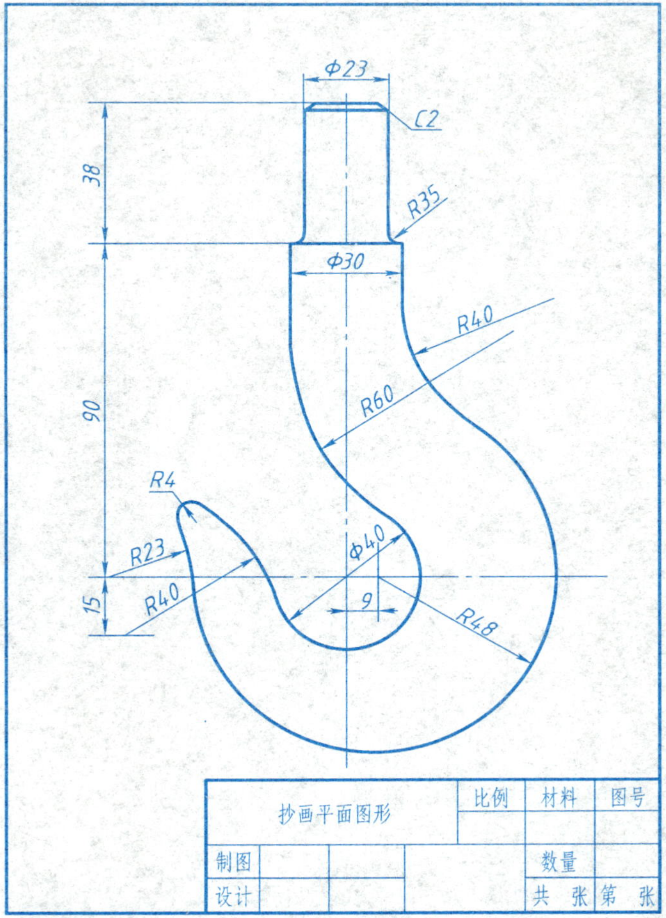

1-8 抄画平面图形图例

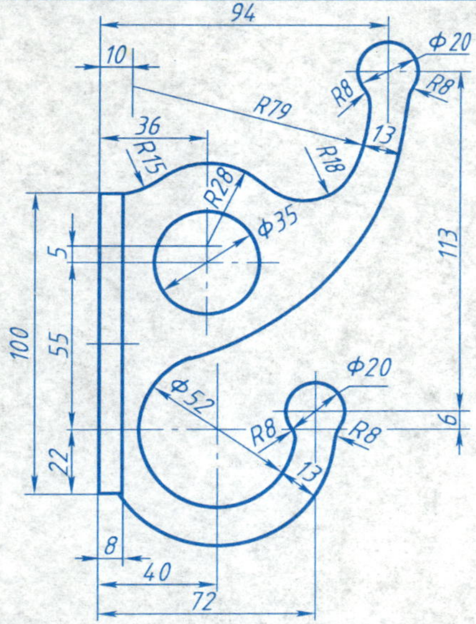
94
10
Φ20
R8
R8
R79
36
R15
13
R18
R28
Φ35
5
113
100
55
Φ20
Φ52
R8
R8
6
22
13
8
40
72

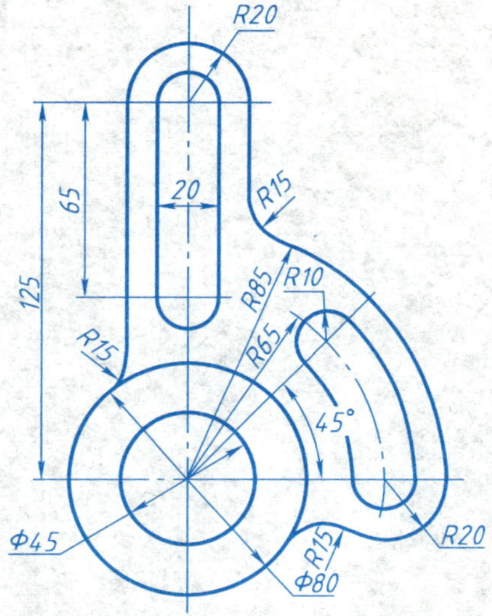
R20
65
125
20
R15
R85
R10
R65
R15
45°
Φ45
R15
R20
Φ80

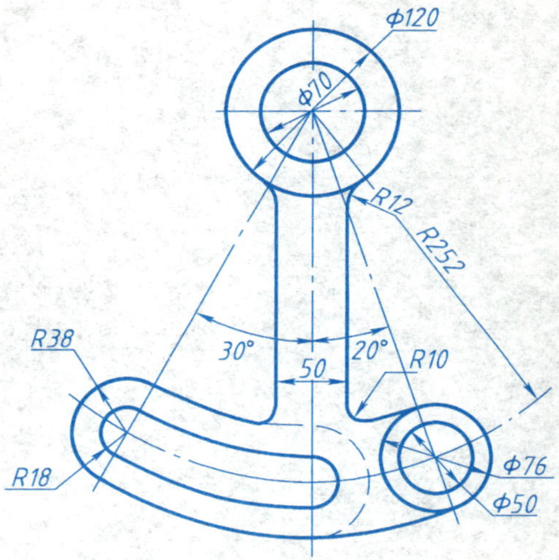
Φ120
Φ70
R12
R252
30°
20°
R38
50
R10
R18
Φ76
Φ50

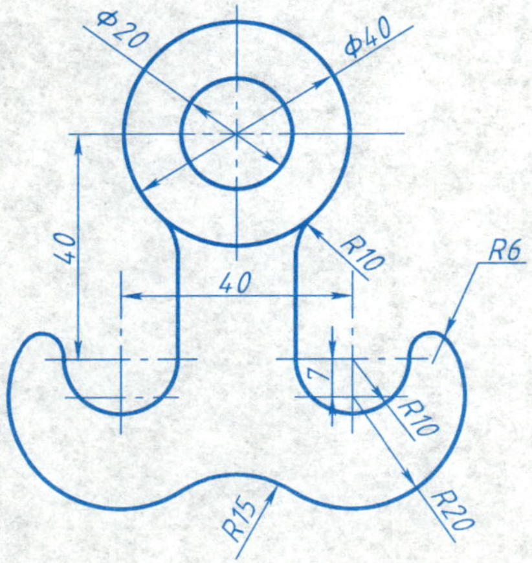
Φ20
Φ40
40
40
R10
R6
7
R10
R15
R20

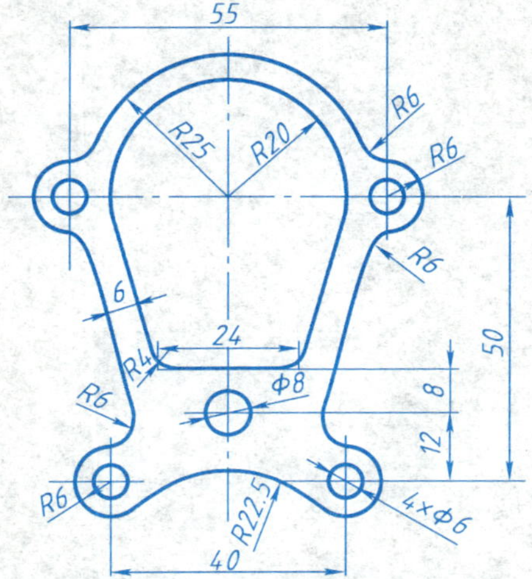
55
R6
R25
R20
R6
R6
6
50
24
R4
Φ8
8
R6
12
R6
R22.5
4×Φ6
40

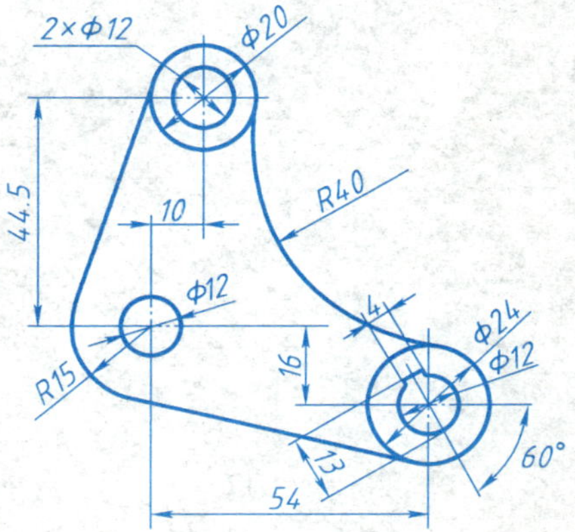
2×Φ12
Φ20
44.5
R40
10
Φ12
4
Φ24
16
Φ12
R15
13
60°
54

第二单元　投影基础

一、三视图

2-1　参照轴测图，补画视图中所缺的图线(一)

1.

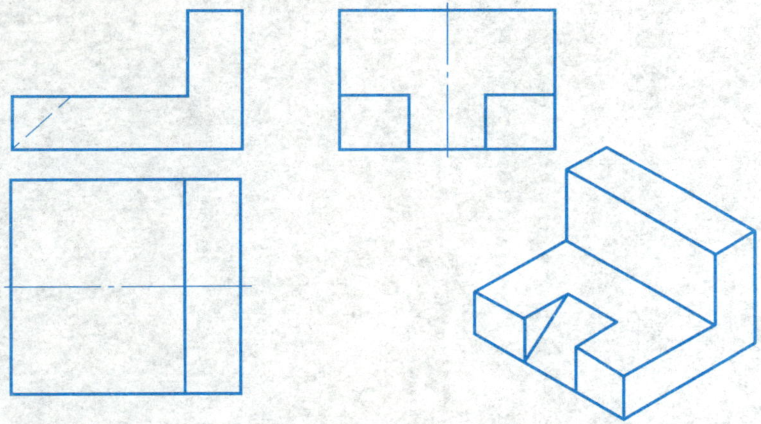

2.

3.

4.

2-2　参照轴测图，补画视图中所缺的图线(二)

1.

2.

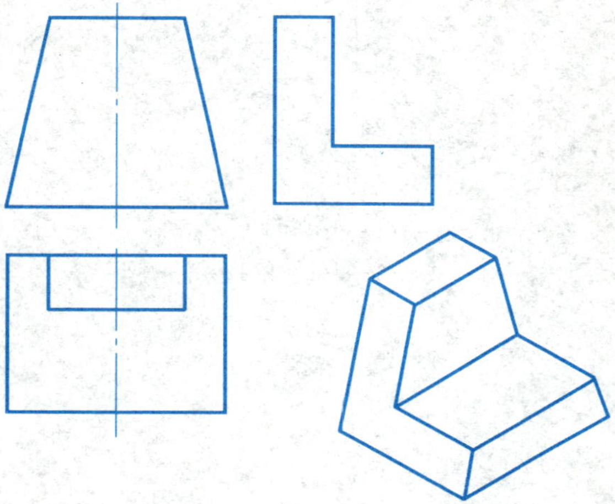

3.

4.

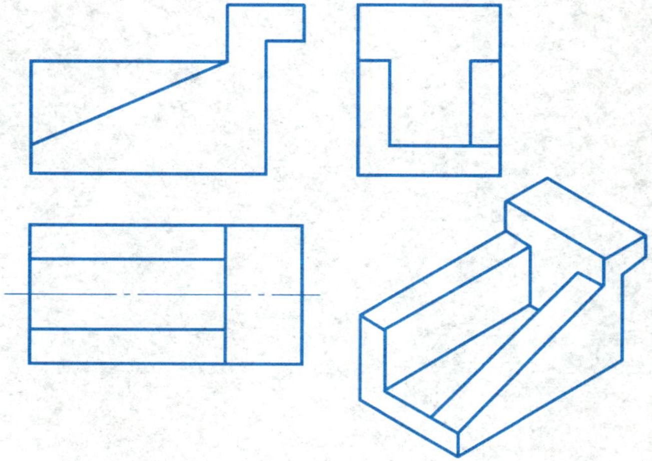

2-3　根据轴测图补画第三视图

1.

2.

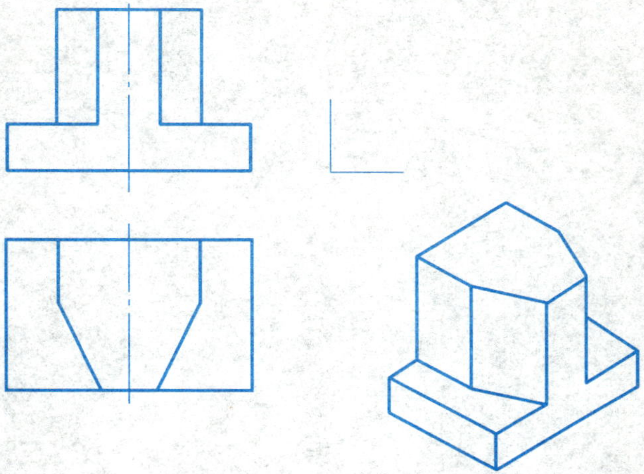

3.

4.

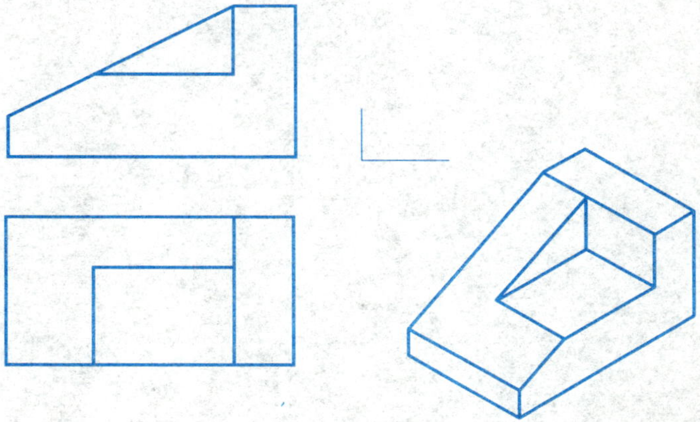

2-4 看懂三视图，补画视图中所缺的图线

1.

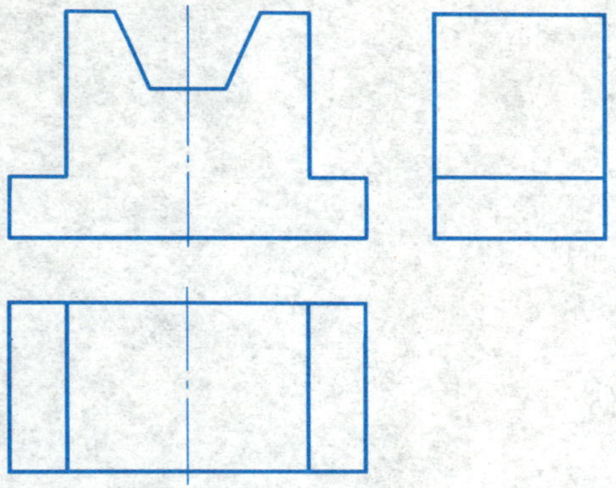

2.

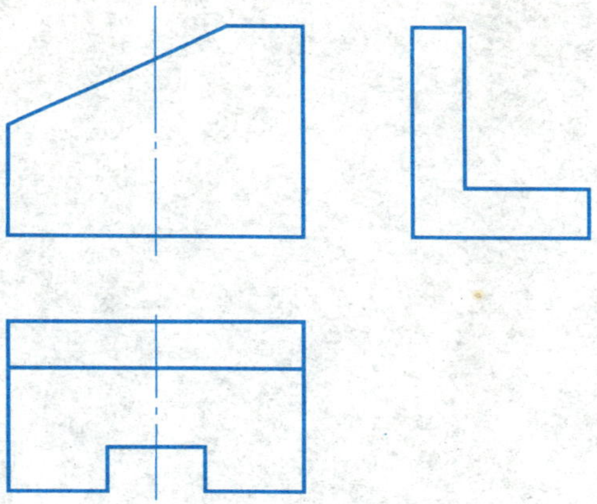

3.

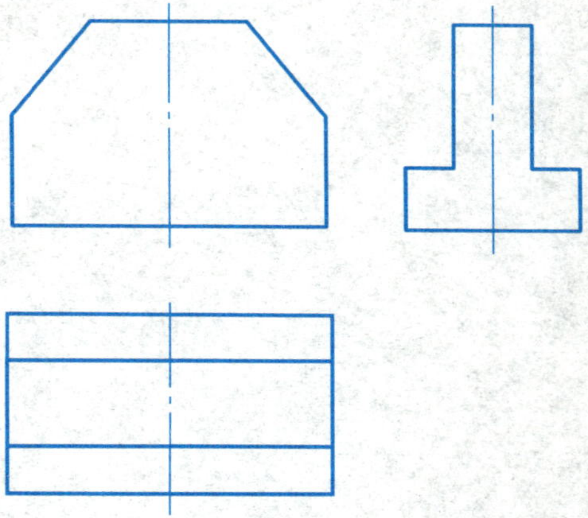

4.

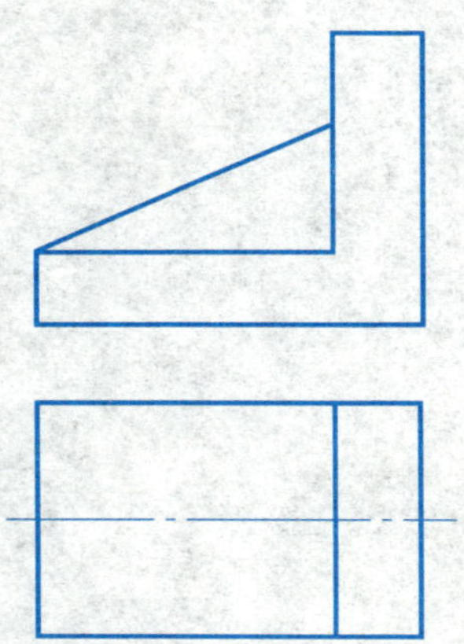

5.

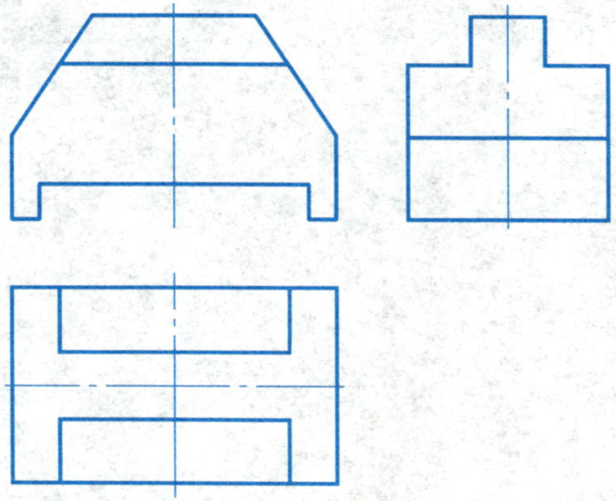

6.

班级　　　　姓名　　　　学号

2-5 点的投影(一)

1. 作点 $A(25,10,20)$、点 $B(10,20,20)$ 的三面投影。

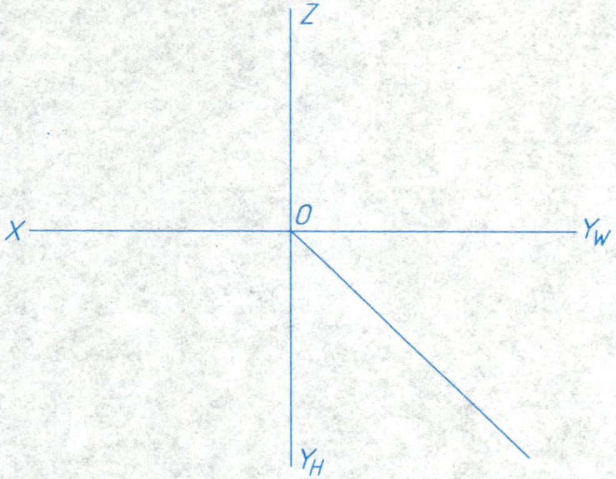

2. 已知 A、B、C 各点对投影面的距离,作各点的三面投影。

	距 H 面	距 V 面	距 W 面
A	20	10	15
B	0	20	0
C	30	0	25

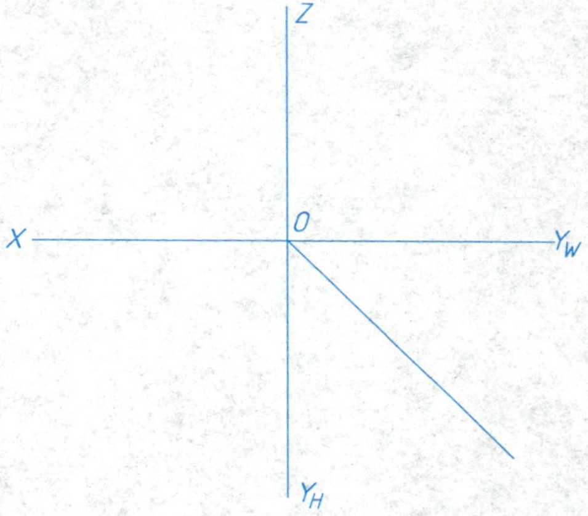

3. 已知点的两面投影,求作第三投影。

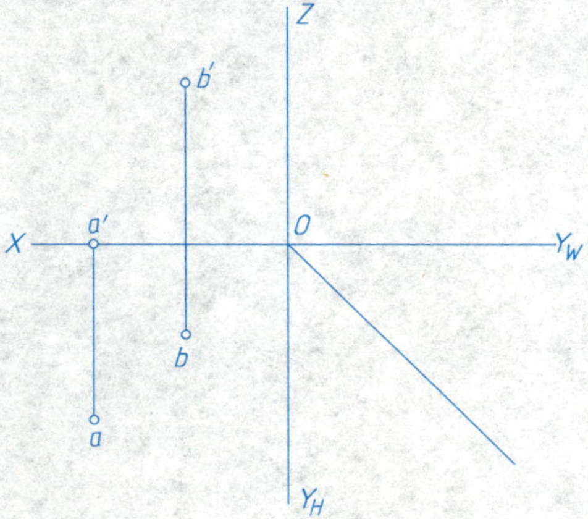

4. 已知两点的一面投影,点 A 距 V 面 20 mm,点 B 在 W 面上,求点 A、B 的另外两面投影。

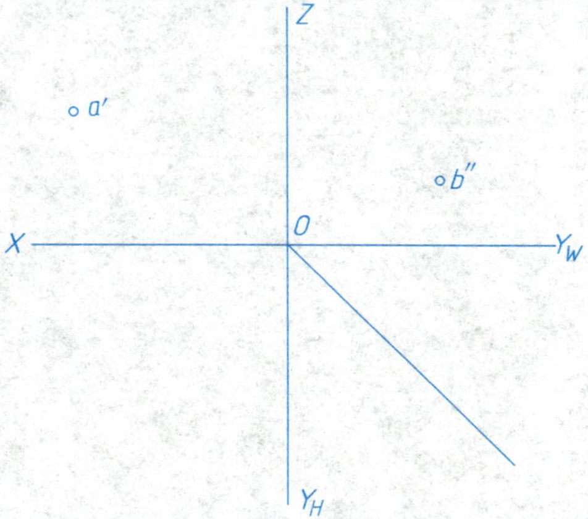

5. 根据点的投影图,分别写出点的坐标。

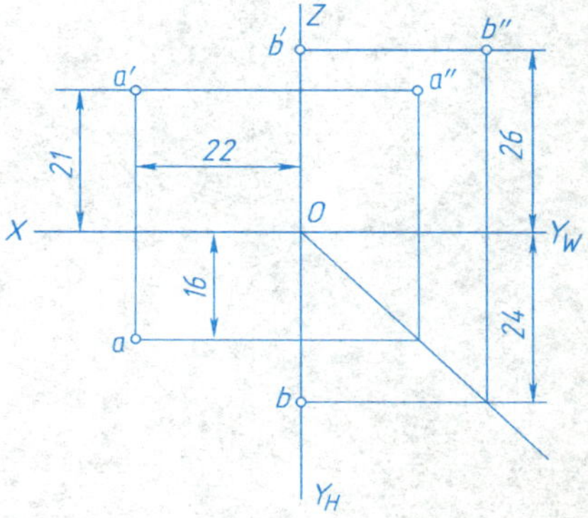

A(, ,)　　B(, ,)

2-6 点的投影(二)

1. 点 B 在点 A 的右 15mm、下 10mm、后 20mm 处，求作点 B 的三面投影。

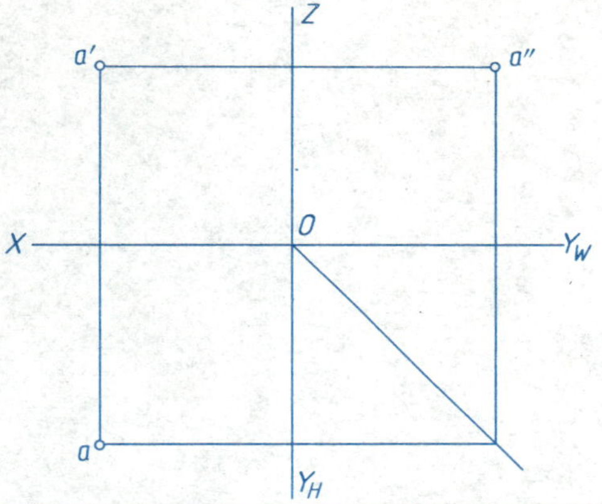

2. 说明 B、C 两点相对点 A 的位置。

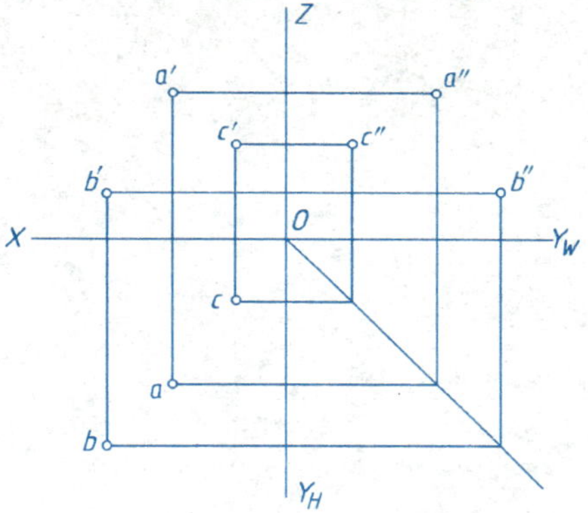

B 点在 A 点的____、____、____方，C 点在 A 点的____、____、____方。

3. 已知点 A、B 两面投影，求第三面投影。

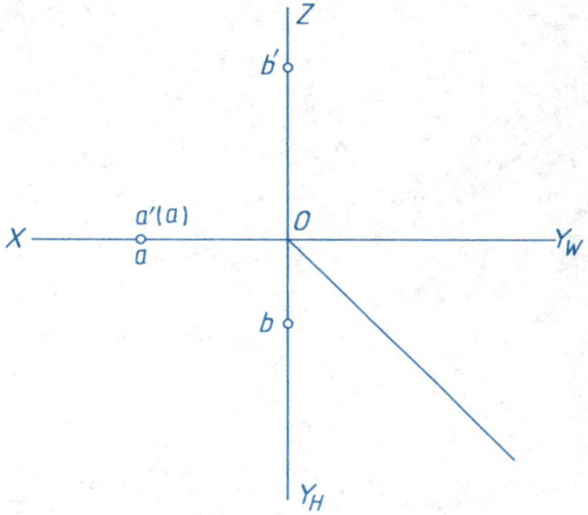

4. 判别点 A、B、C 的空间位置。

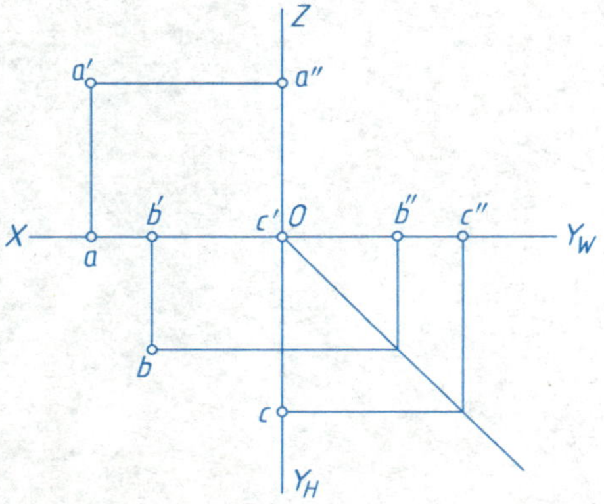

A 点在(　　)，B 点在(　　)，C 点在(　　)。

5. 根据点的相对位置求 B、D 两点的投影，并判别重影点的可见性。

(1)点 B 在点 A 的左 20 mm，前 10 mm，下 15 mm；

(2)点 D 在点 A 的正右方 12 mm。

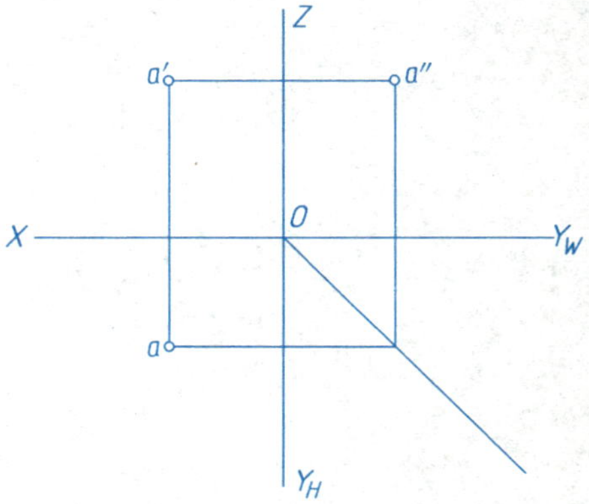

1. 根据下列直线的两面投影:(1)判断直线对投影面的位置;(2)作出直线的第三面投影。

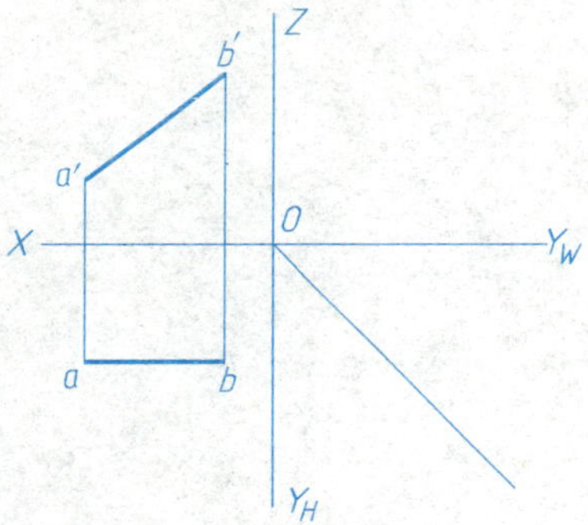

______线

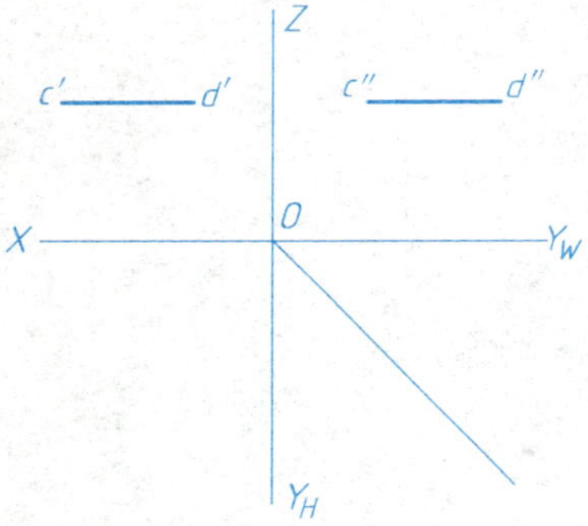

______线

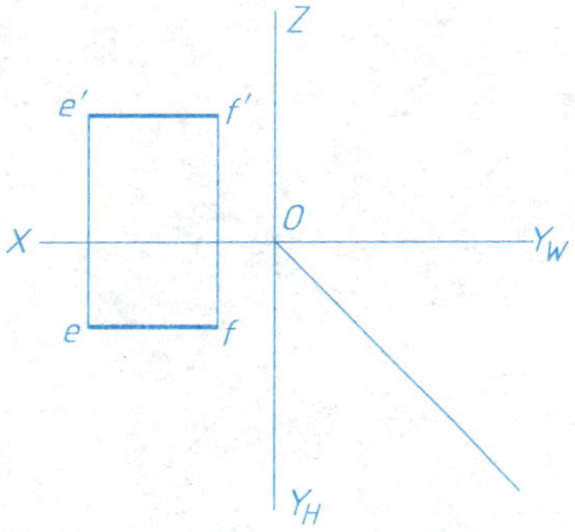

______线

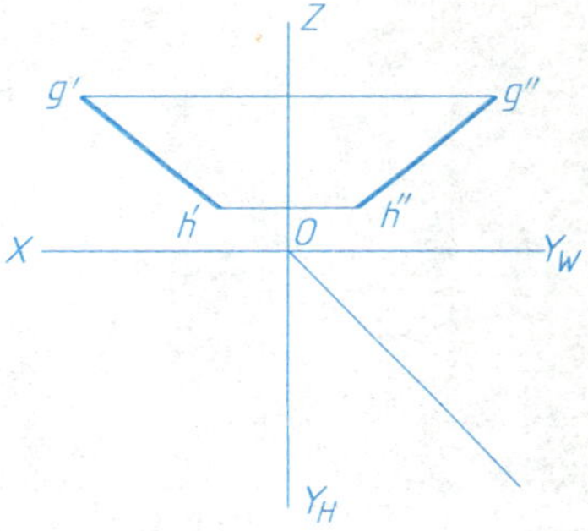

______线

2. 根据立体图,在物体的投影图中标出 *AB*、*BC*、*CD*、*DE* 线段的三投影,并说明它们各是什么位置直线。

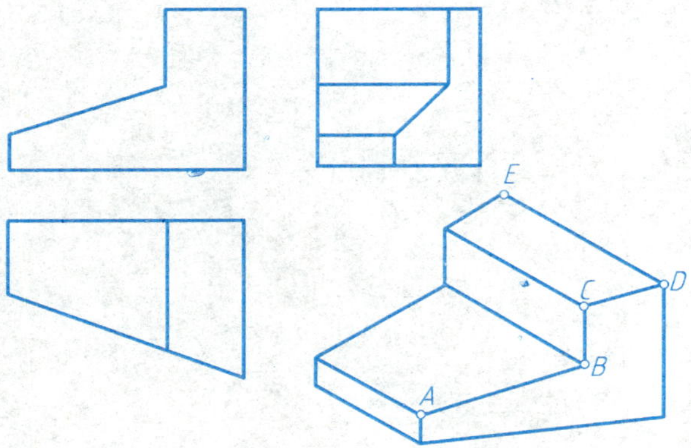

AB 是 ______,

BC 是 ______,

CD 是 ______,

DE 是 ______。

3. 按照条件,作出直线上点 *K* 的两面投影。

(1)*AK* ∶ *KB*=1 ∶ 2;(2)*BK*=20 mm。

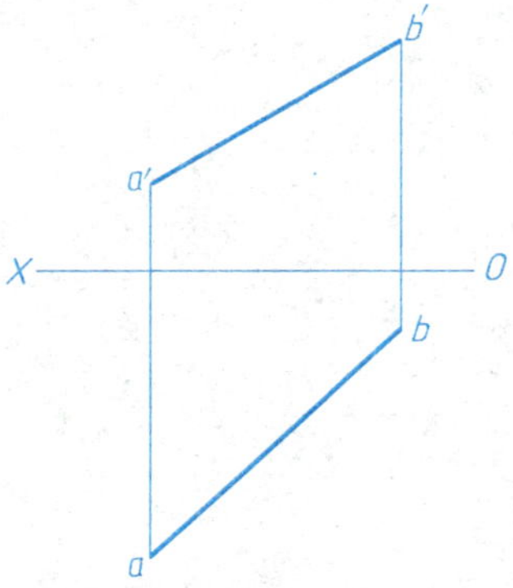

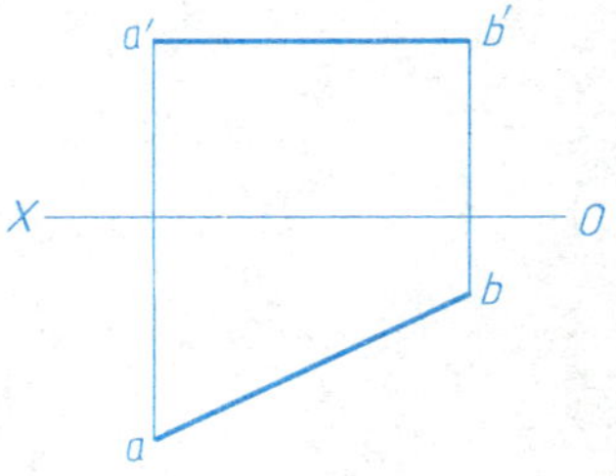

2-8　直线的投影(二)

1. 已知点 A 的两面投影,过点 A 作直线 AB 的三面投影,使其满足如下条件:

(1)正平线,$\alpha=30°$,点 B 在 A 点的下方、H 面上;

(2)水平线,$\gamma=60°$,$AB=10$ mm,点 B 在点 A 的右后方。

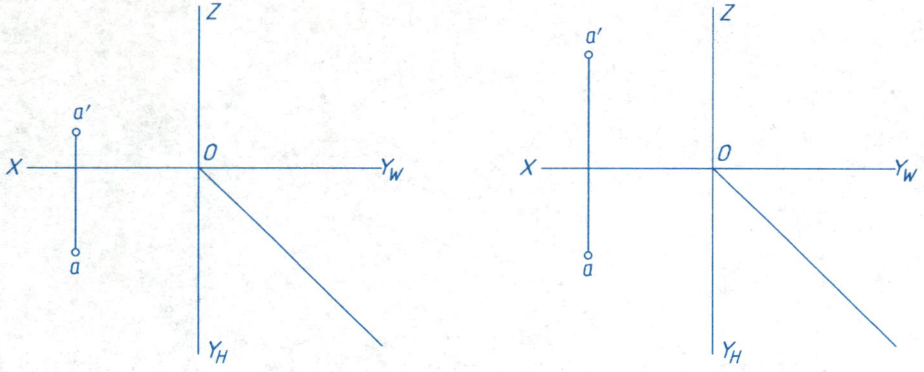

2. 点 C 在直线 AB 上,点 C 到 H 面的距离为 20 mm,求点 C 的两面投影。

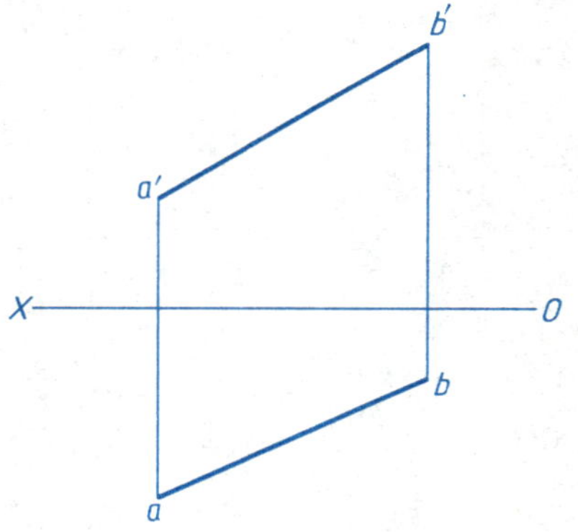

3. 作一正平线,距 V 面为 15 mm,且与 AB 和 CD 两直线相交。

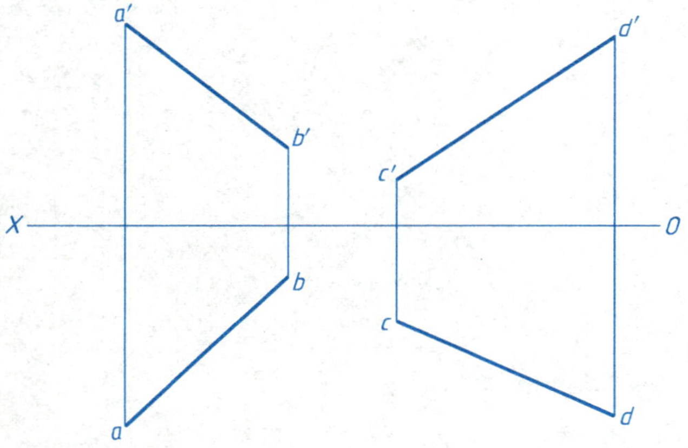

4. AB 与 CD 两直线相交于点 K,试完成其两组投影。

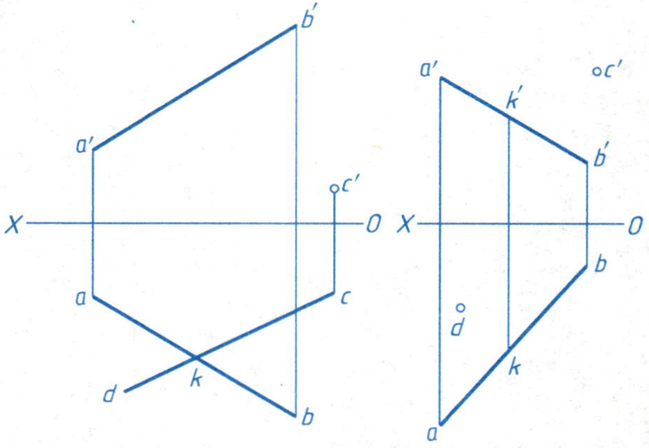

2-9　直线的投影(三)

1. 判断 AB、CD 两直线的相对位置(平行、相交、交叉)。

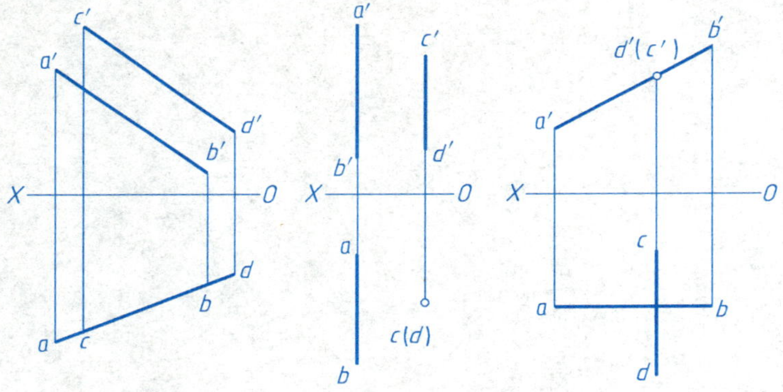

(　　　)　　　(　　　)　　　(　　　)

2. 作一直线与直线 AB、CD 都相交,与直线 EF 平行。

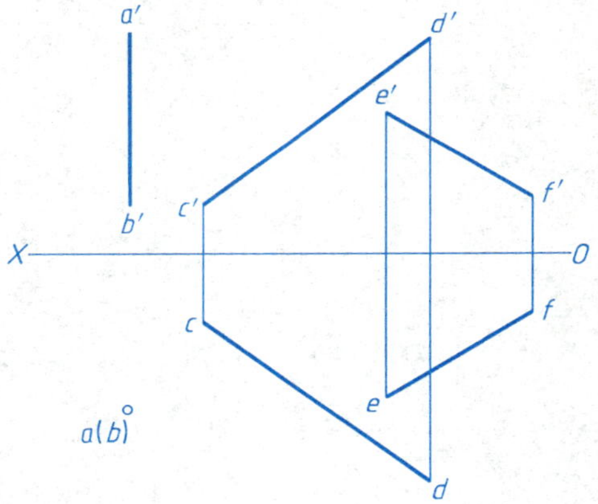

3. 过点 K 作一水平线与直线 BC 相交于点 L,画出 KL 的两面投影。

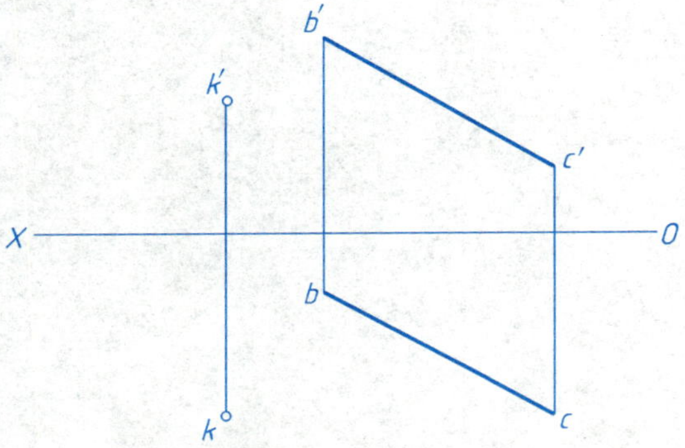

4. 已知两直线相交,补全直线的另一面投影。

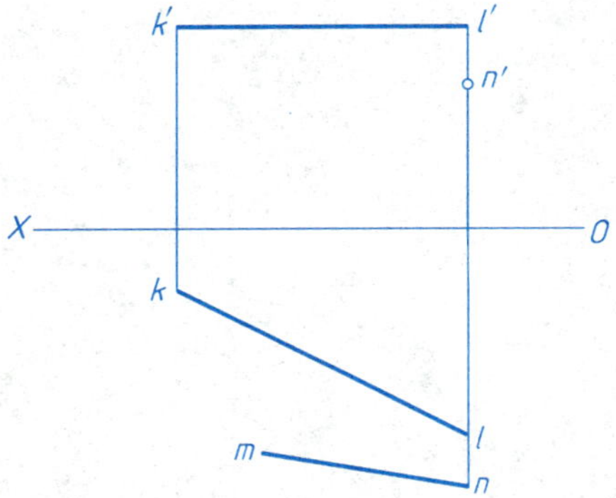

5. 注出两交叉直线重影点的投影。

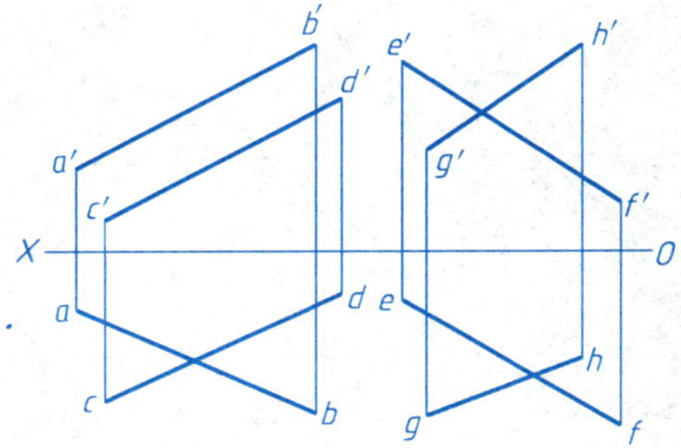

2-10 平面的投影(一)

1. 在视图中标出指定平面的其他两个投影,并在轴测图上用相应的大写字母标出各平面的位置。

(1)

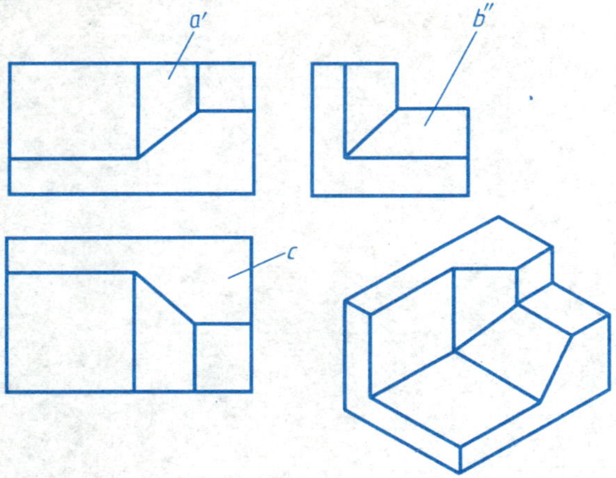

(2)

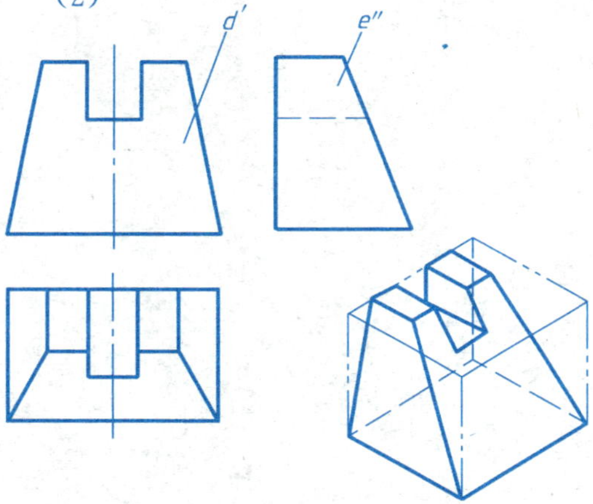

A 面是(　　)面,*B* 面是(　　)面,*C* 面是(　　)面。　　*D* 面是(　　)面,*E* 面是(　　)面。

2. 补画平面的第三投影,判别平面的空间位置,并标出平面与投影面的倾角。

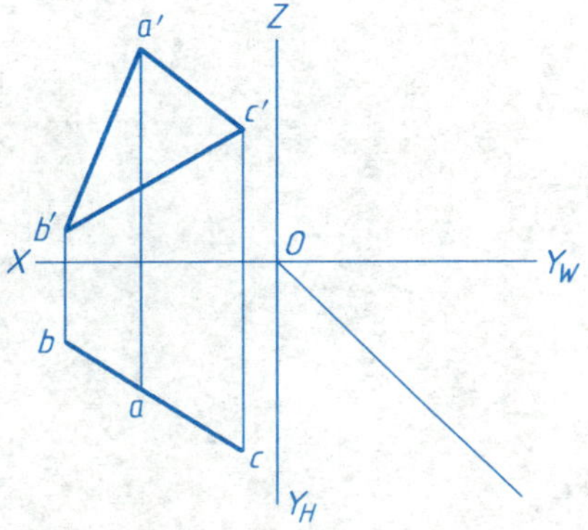

△*ABC* 面是(　　)面

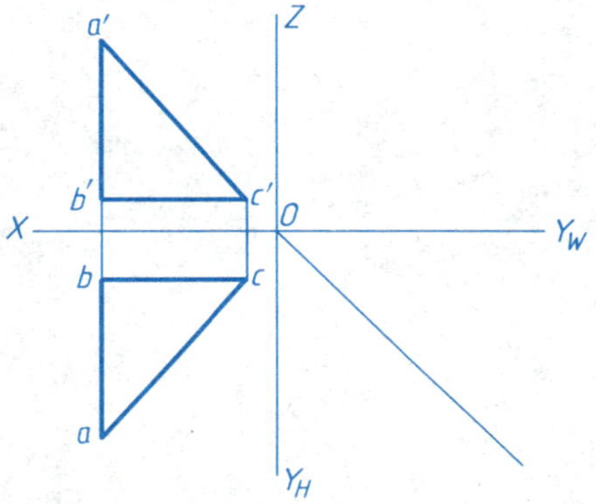

△*ABC* 面是(　　)面

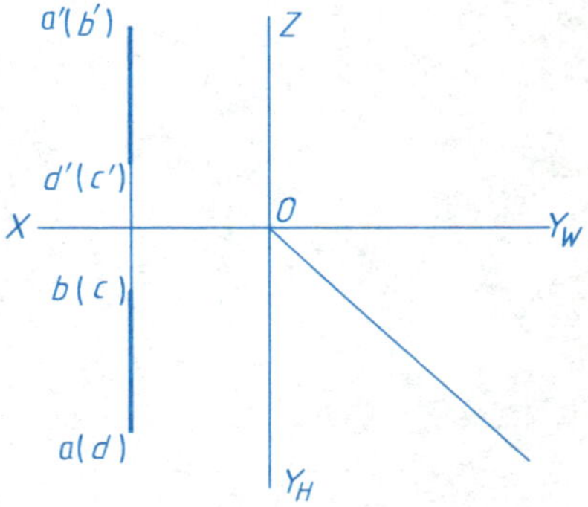

四边形 *ABCD* 面是(　　)面

2-11 平面的投影(二)

1. 完成平面的第三面投影。

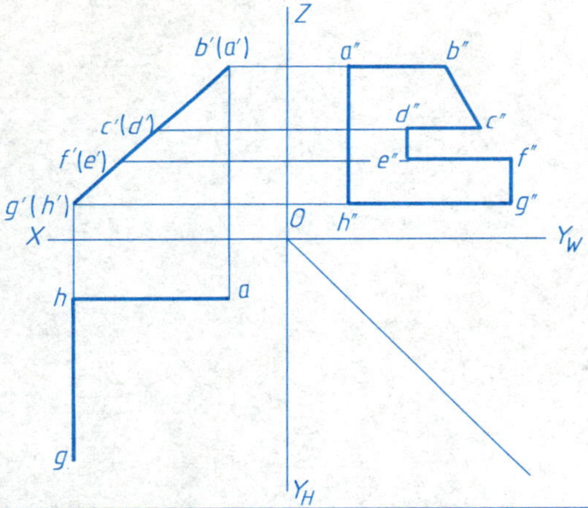

2. E、F 两点在已知平面内，作出它们的另一面投影。

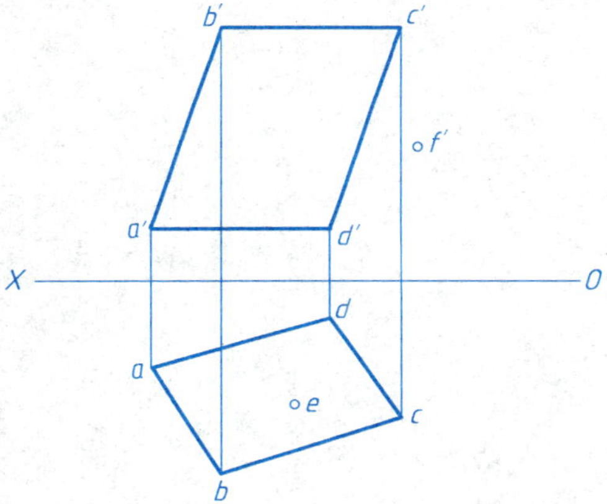

3. 在两平行线 AB、CD 确定的平面内取点 E，使其距 H 面 20mm，距 V 面 15mm。

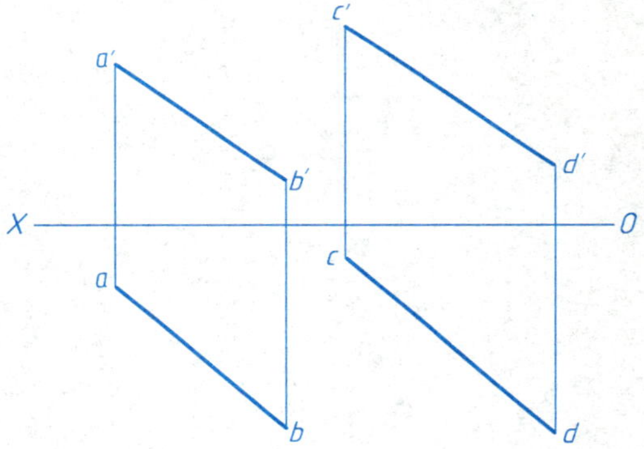

4. 已知点 K 属于△ABC 平面，完成△ABC 的正面投影。

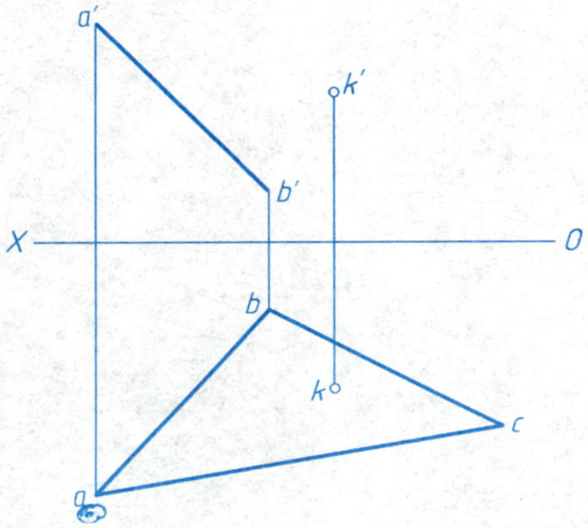

5. 已知平面 ABCD 的对角线 AC 为正平线，完成平面的水平投影。

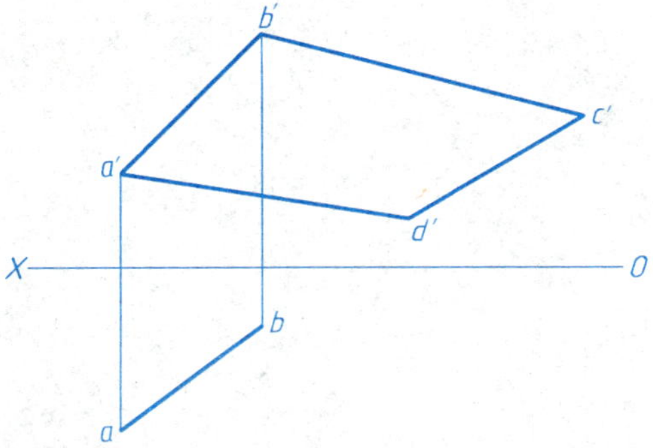

6. 已知△ABC 为侧垂面，试完成其水平投影。

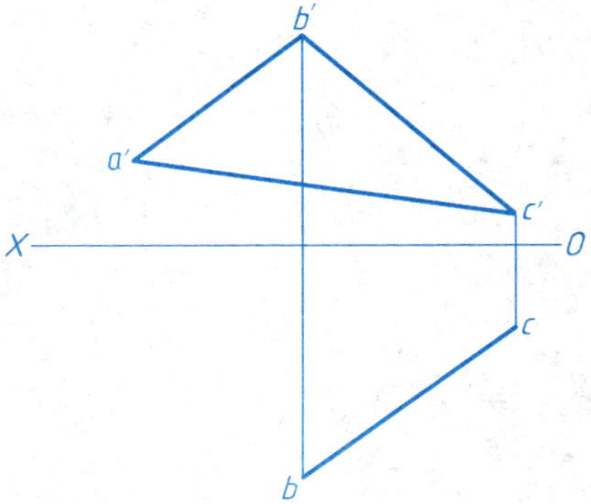

三、几何体投影

2-12　几何体的投影(一)

参照轴测图,根据已知视图,补画其他两视图。

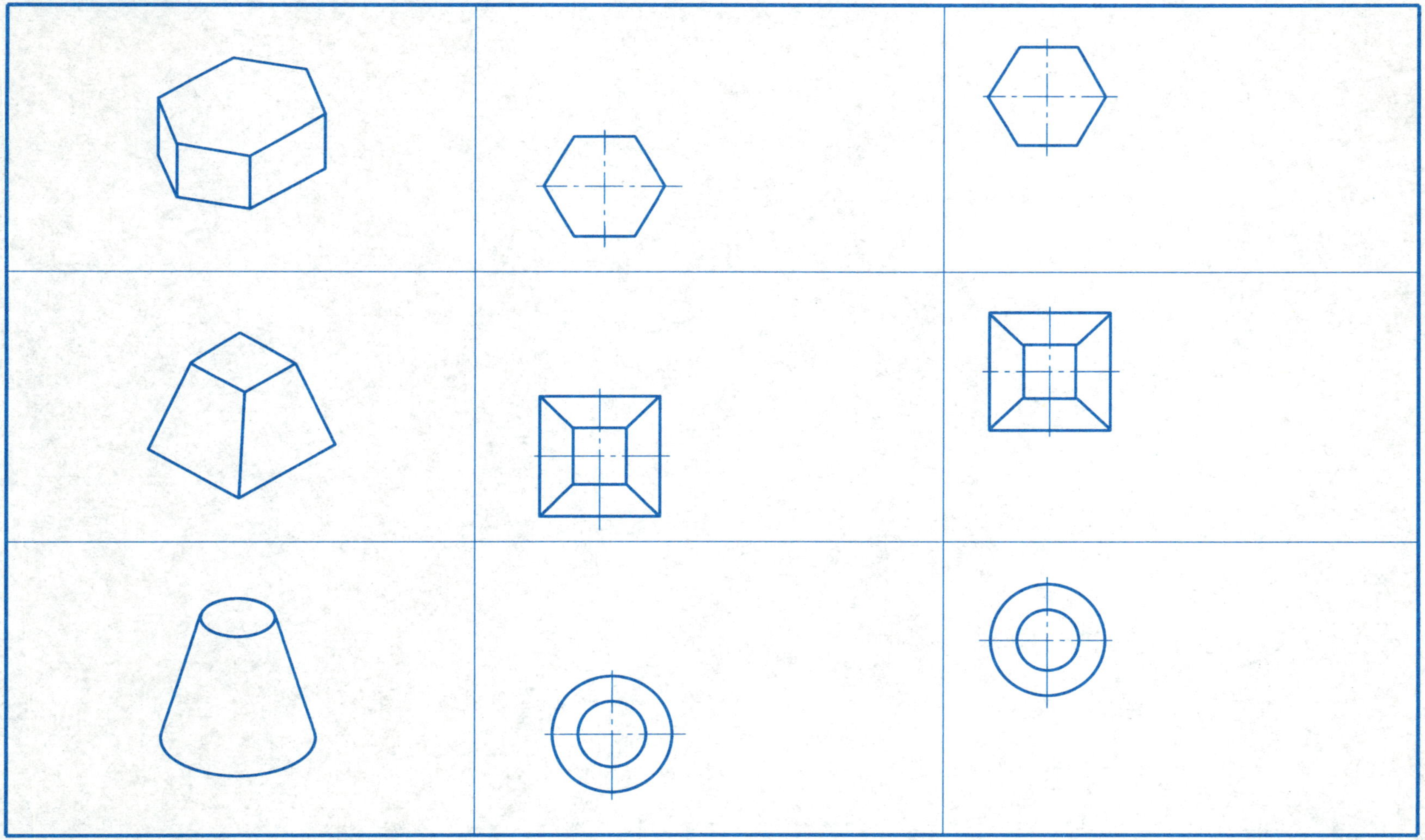

1. 补画下列几何体的第三视图。

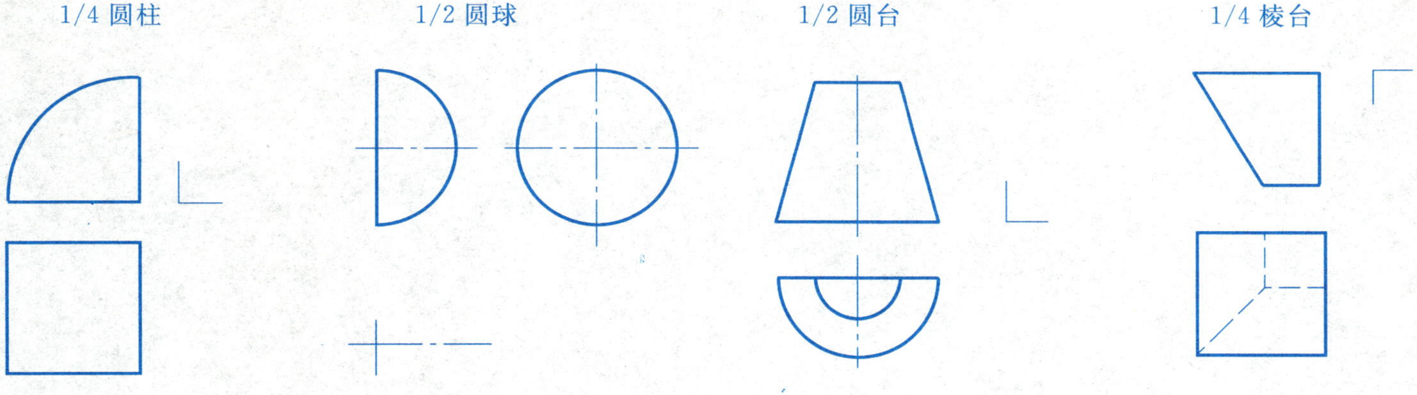

2. 用细点画线补画视图中缺漏的中心线、轴线或对称线。

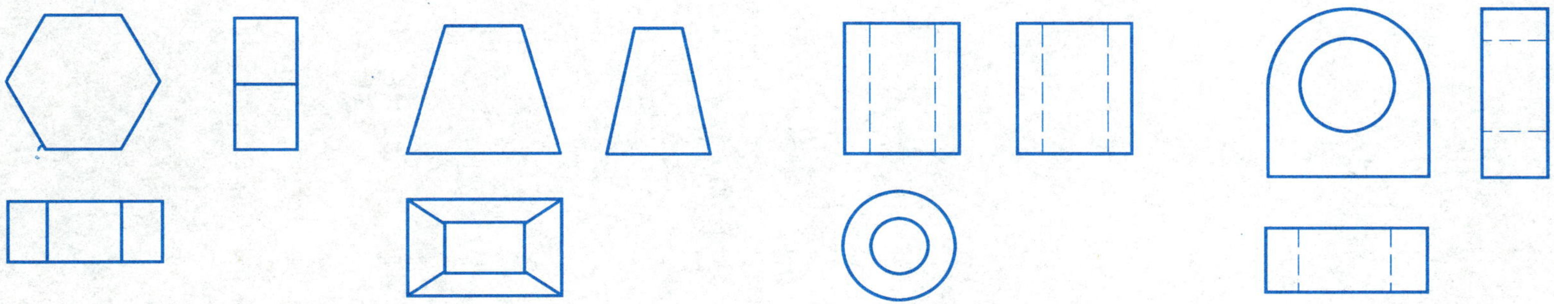

1.

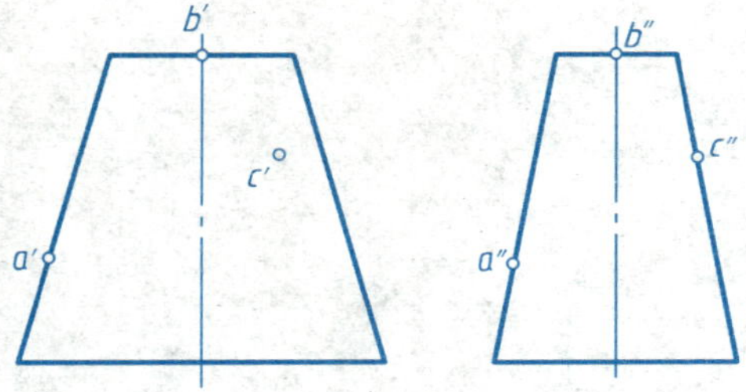

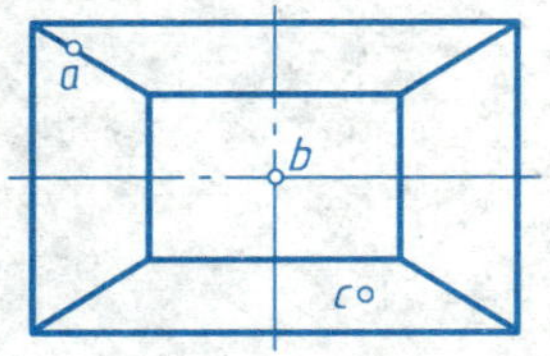

点 *A* 在(　　),
点 *B* 在(　　),
点 *C* 在(　　)。

2.

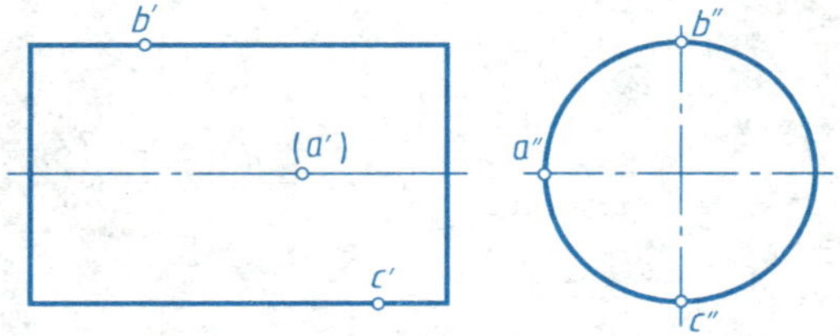

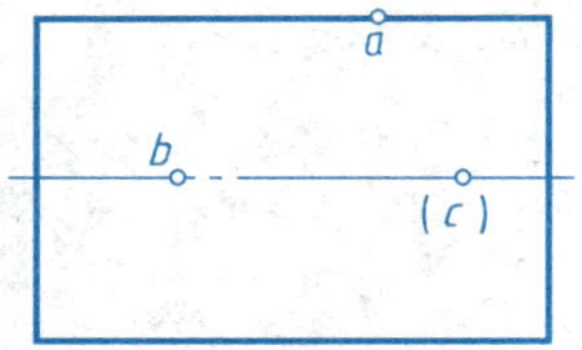

点 *A* 在(　　)素线上,
点 *B* 在(　　)素线上,
点 *C* 在(　　)素线上。

3.

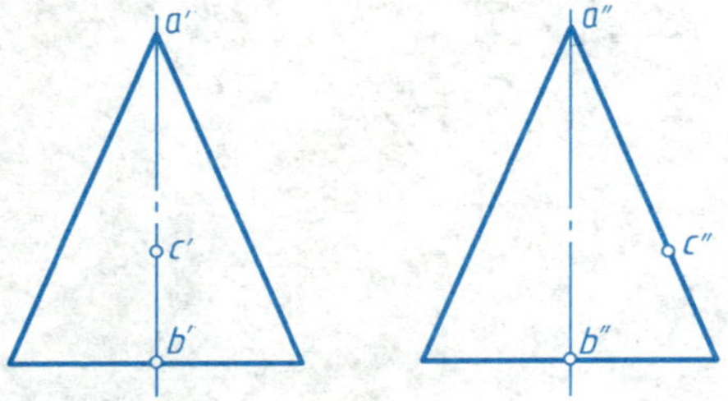

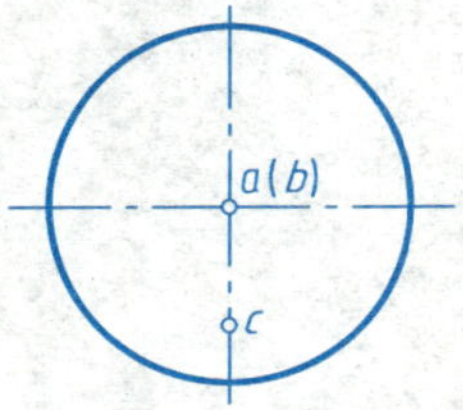

点 *A* 在(　　),
点 *B* 在(　　),
点 *C* 在(　　)。

4.

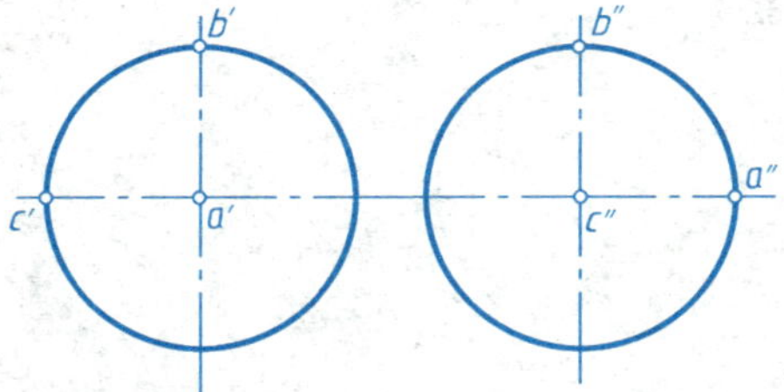

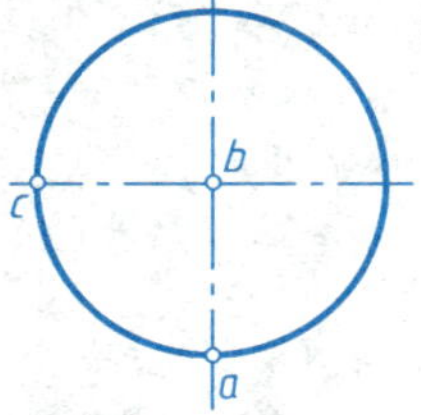

点 *A* 在(　　)方,
点 *B* 在(　　)方,
点 *C* 在(　　)方。

2-15　已知平面立体的两面投影，补画第三面投影，求其表面上点的另两面投影

1.

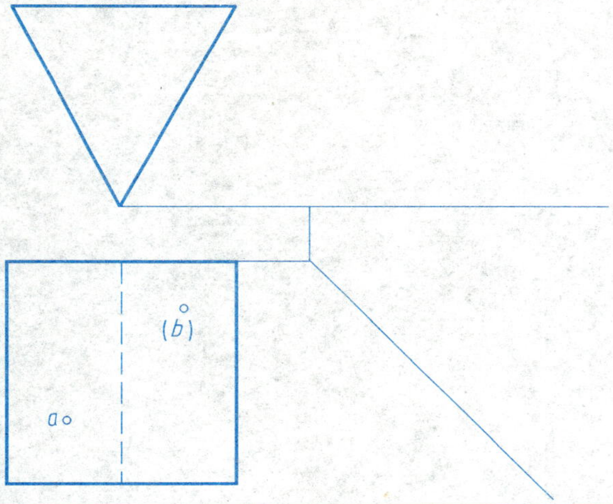

2.

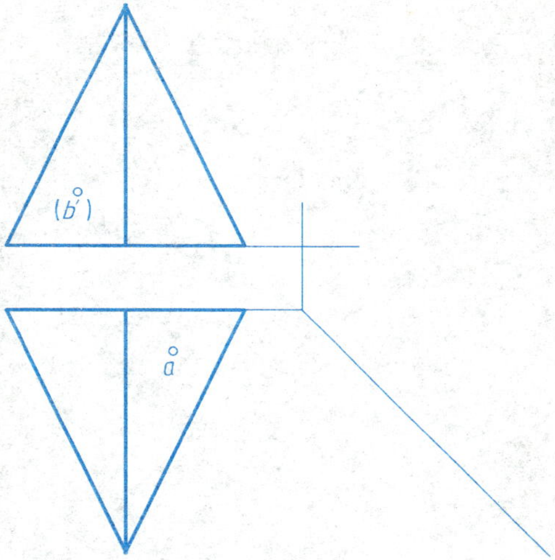

3.

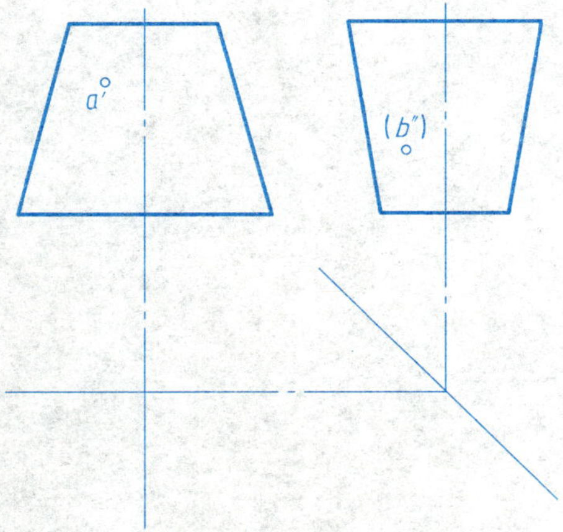

4.

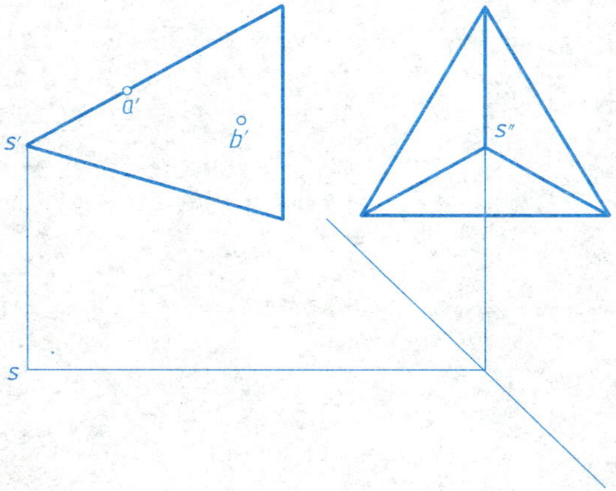

2-16 已知曲面立体表面上点的一面投影,求其另两面投影

1.

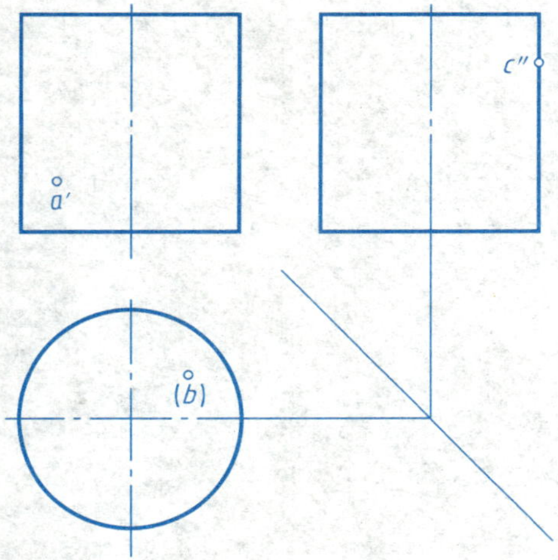

2.

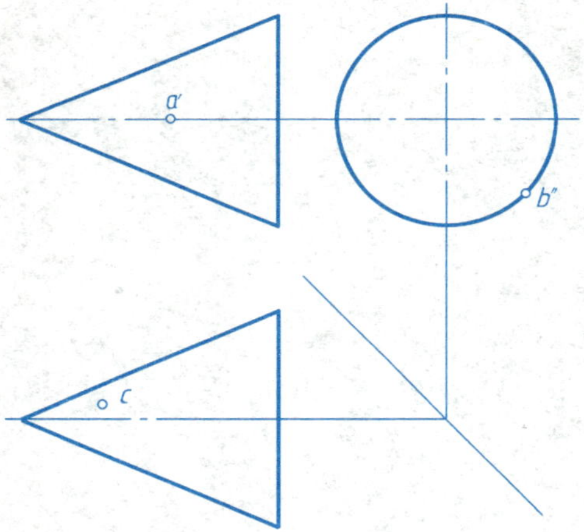

3.

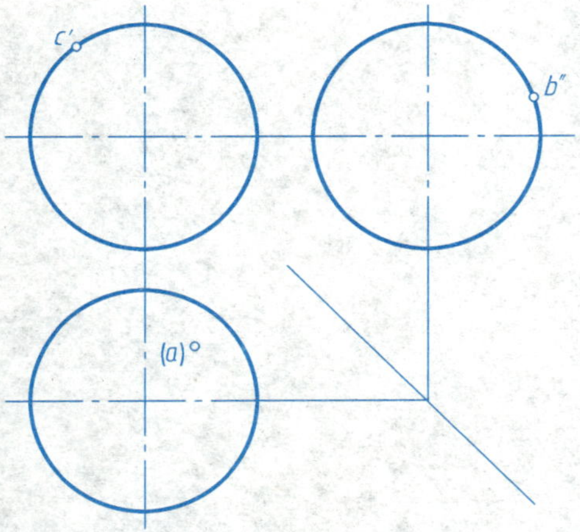

4.

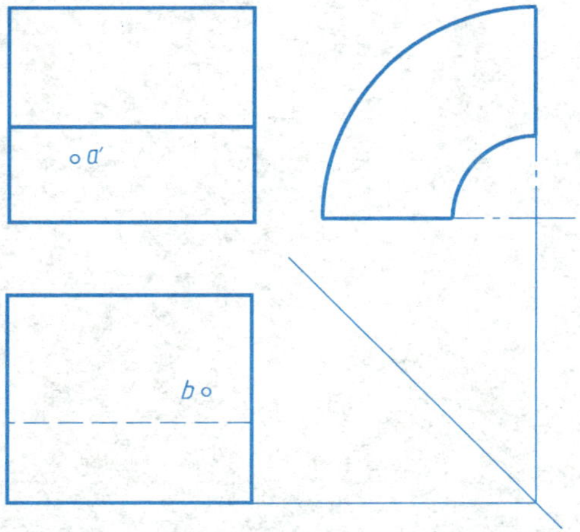

2-17　标注几何体的尺寸(尺寸数值从图中量取整数)

正六棱柱

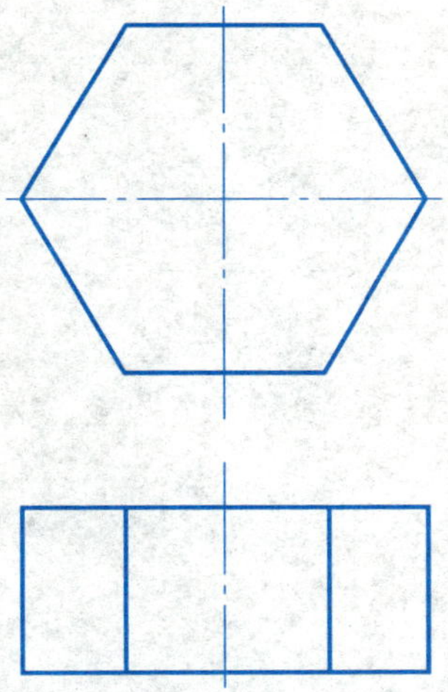

四棱台

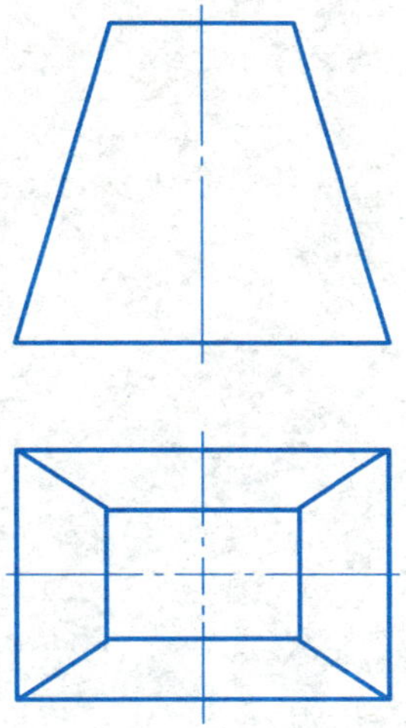

三棱柱

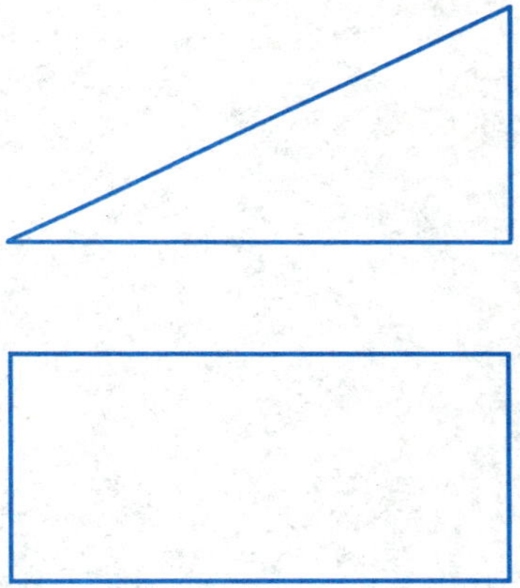

半圆球

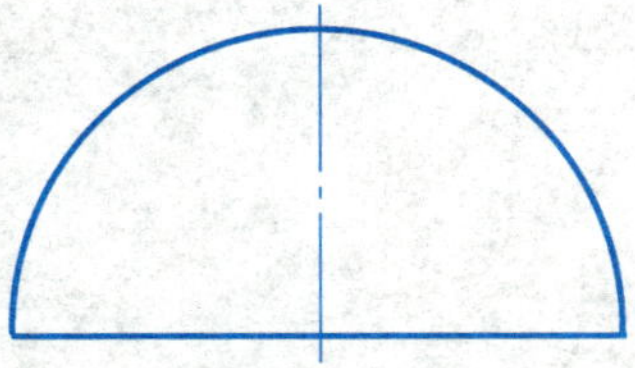

圆柱

圆台

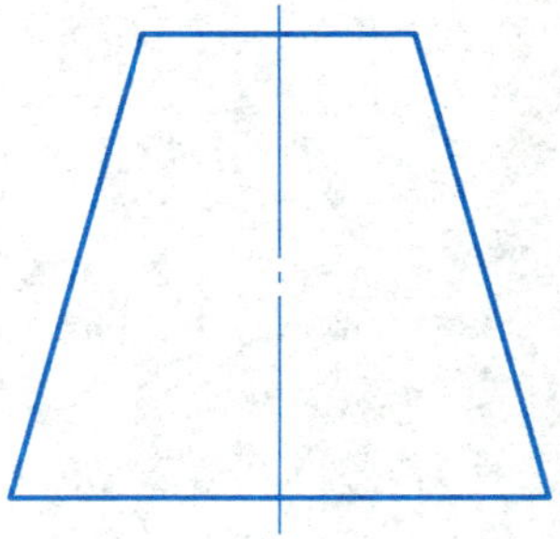

第三单元　组　合　体

一、画三视图及补画漏线

3-1　根据轴测图，按比例 1∶1 画出三视图(不标尺寸)

1.

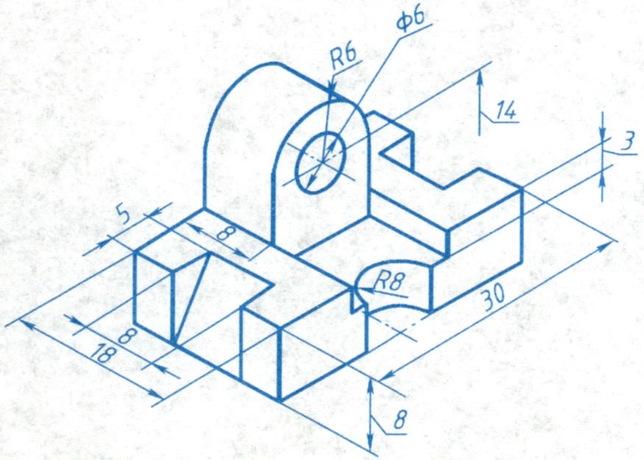

2.

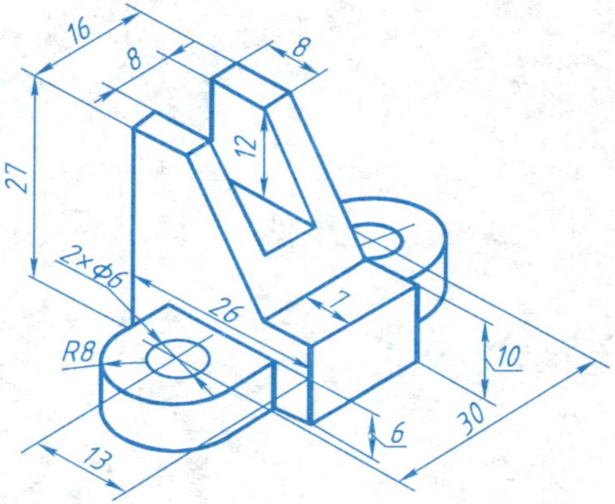

3-2　根据所给轴测图，徒手画组合体三视图(一)(目测比例 1：1，图中的孔均为通孔，槽均为通槽)

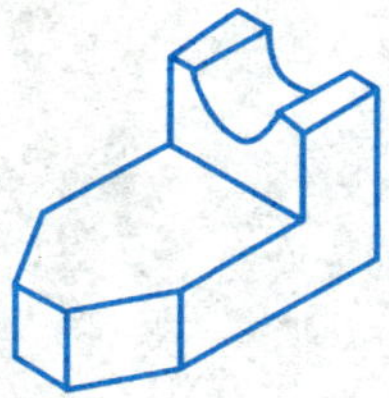

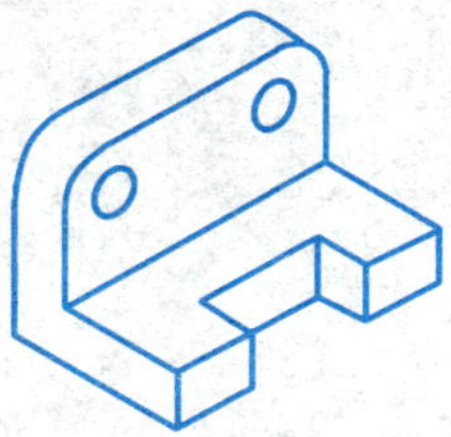

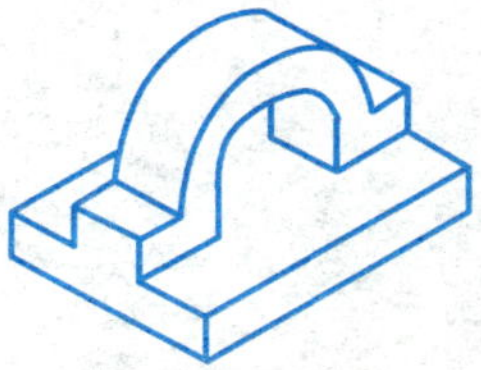

3-3 根据所给轴测图，徒手画组合体三视图(二)(目测比例 1∶1，图中的孔均为通孔，槽均为通槽)

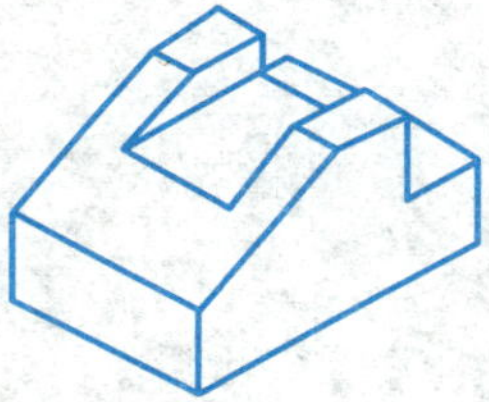

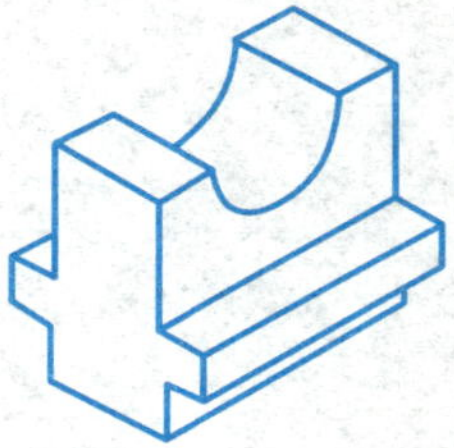

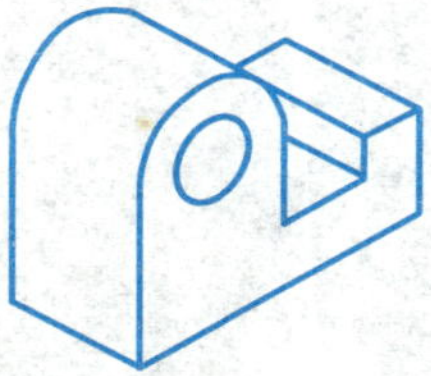

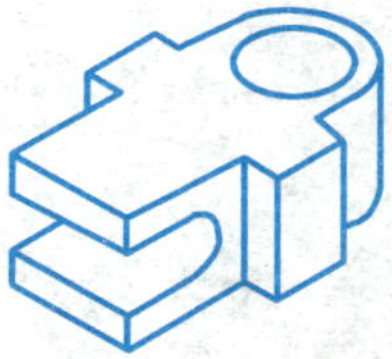

3-4 补画视图中缺漏的图线

1.

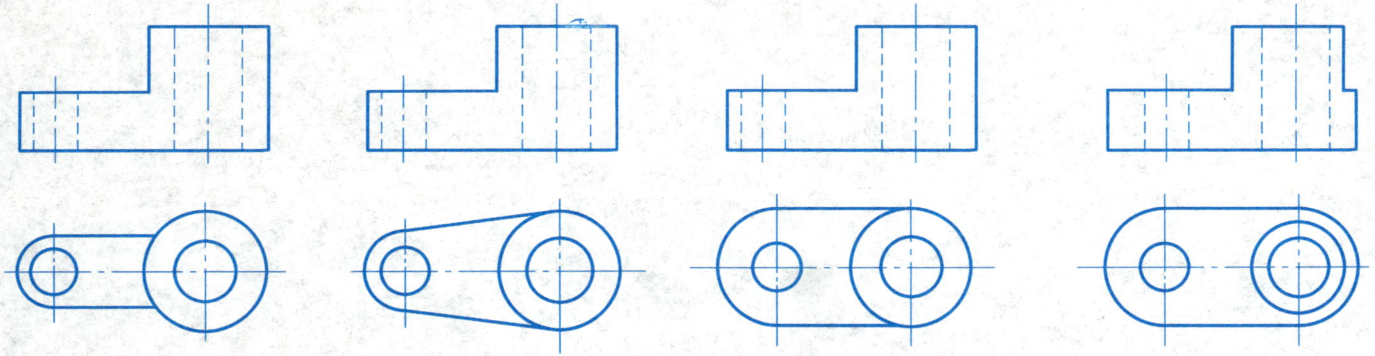

2.

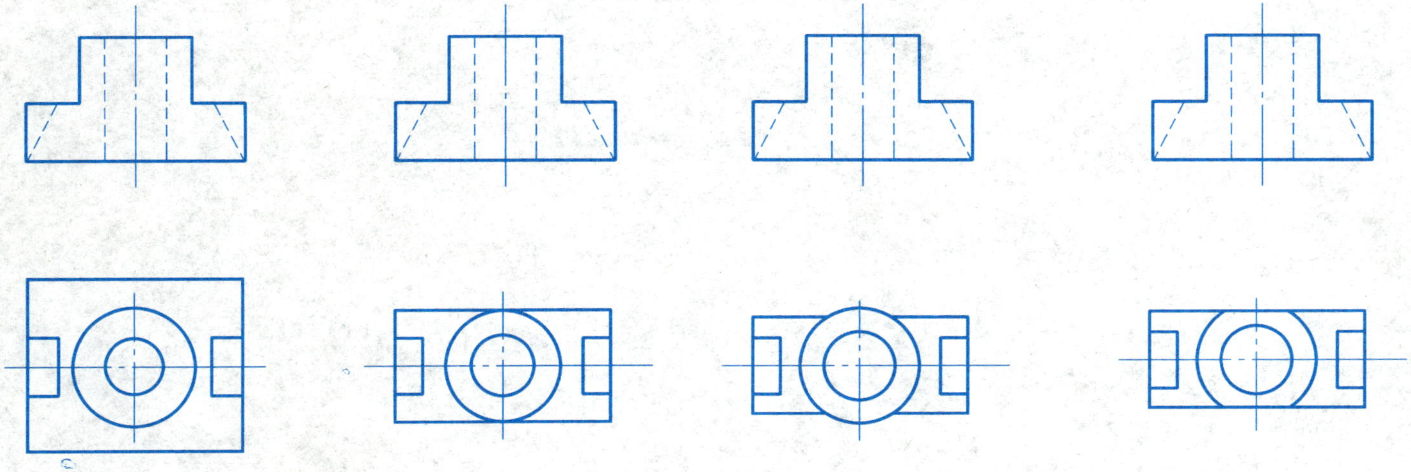

3-5　选择正确的左视图[单选或多选，正确的在(　　)内画"√"]

1.

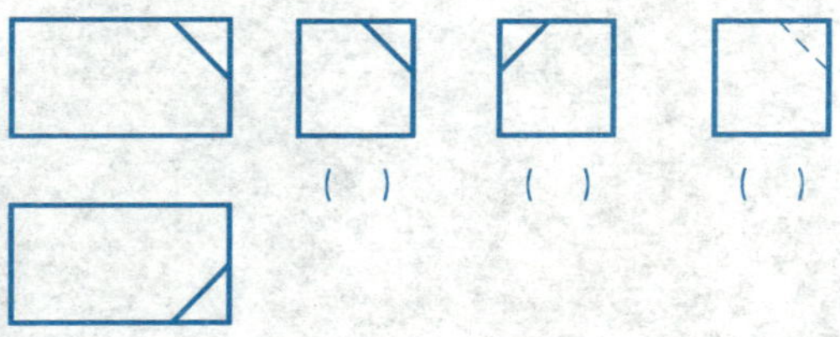

2.

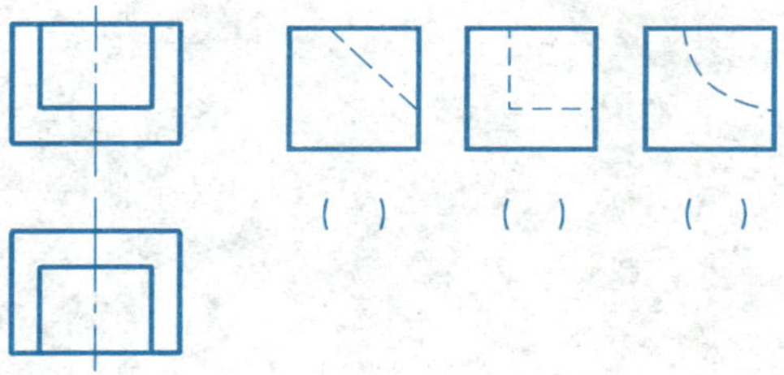

3.

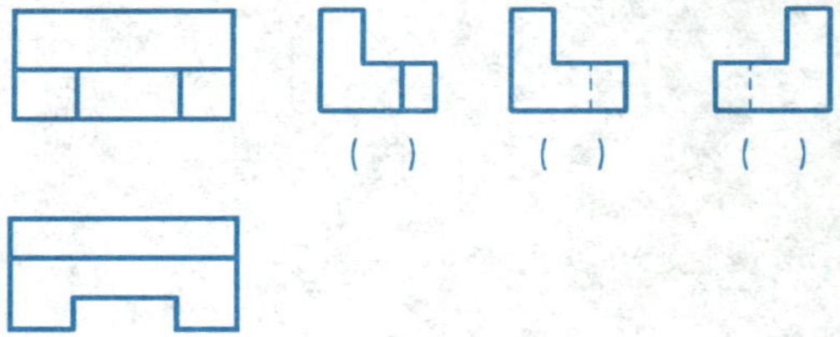

4.

5.

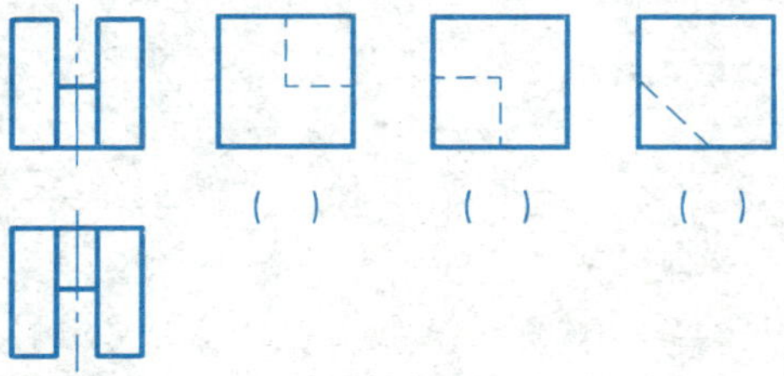

6.

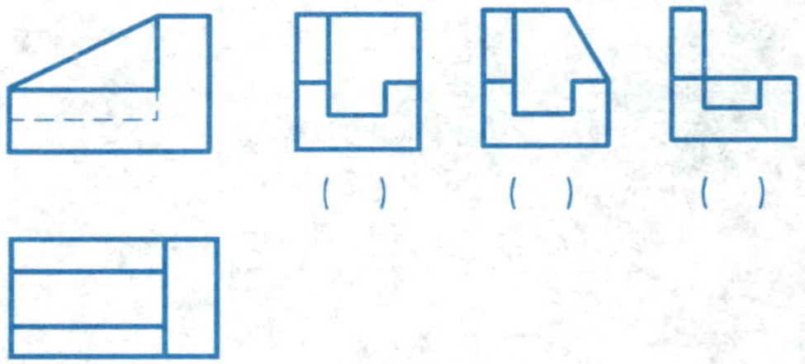

7.

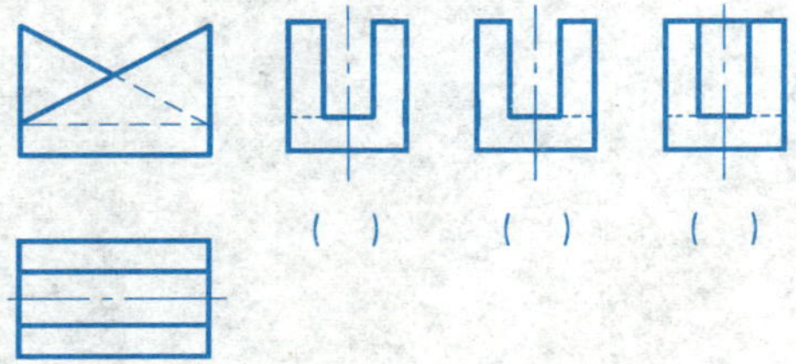

8.

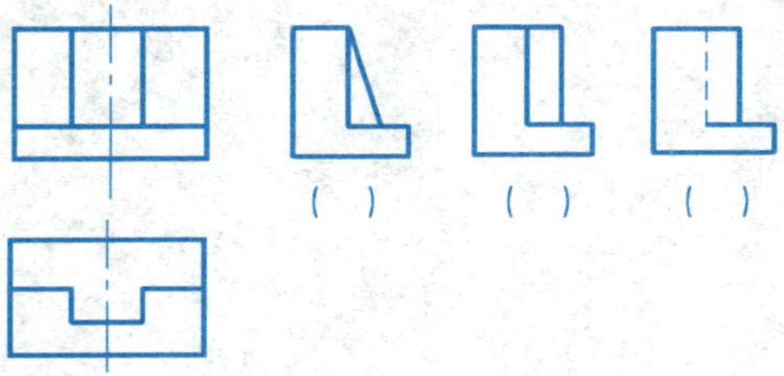

9.

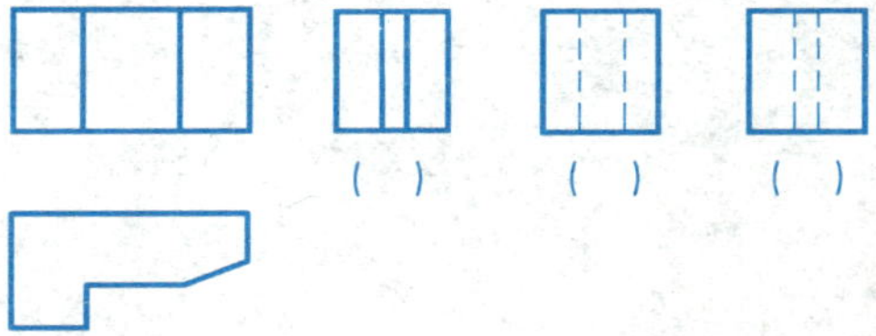

3-6 补画三视图中缺漏的图线(一)

1.

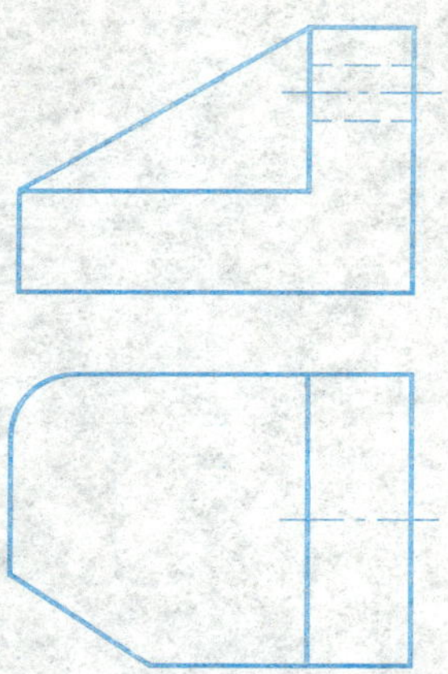

2.

3.

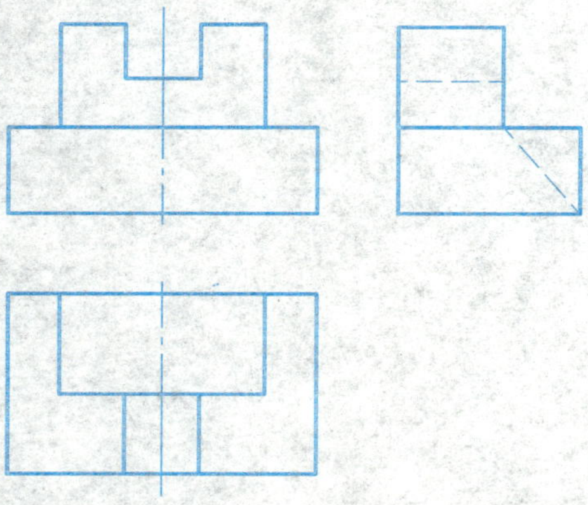

4.

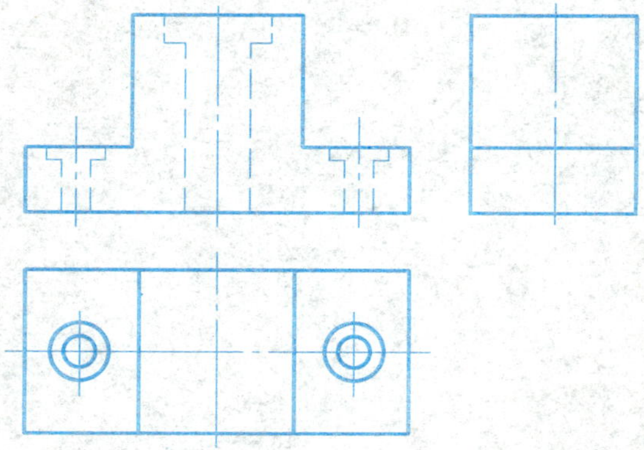

班级　　姓名　　学号

3-7　补画三视图中缺漏的图线(二)

1.

2.

3.

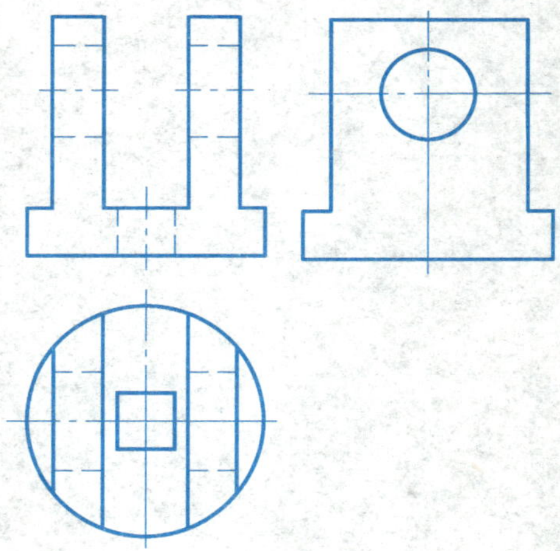

4.

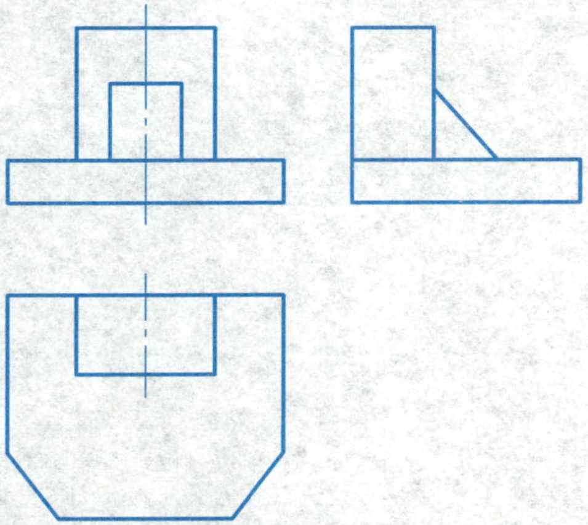

5.

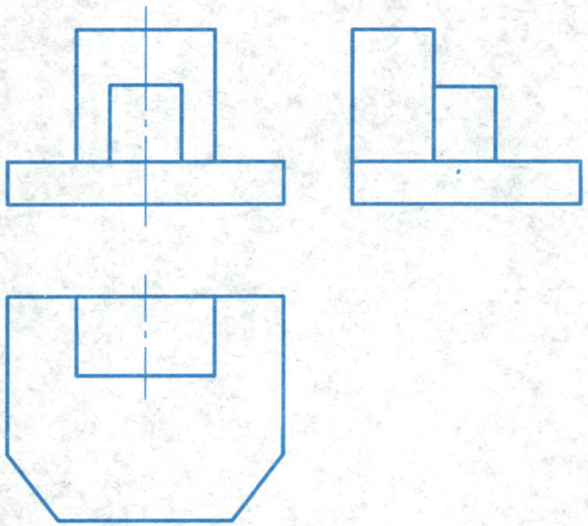

6.

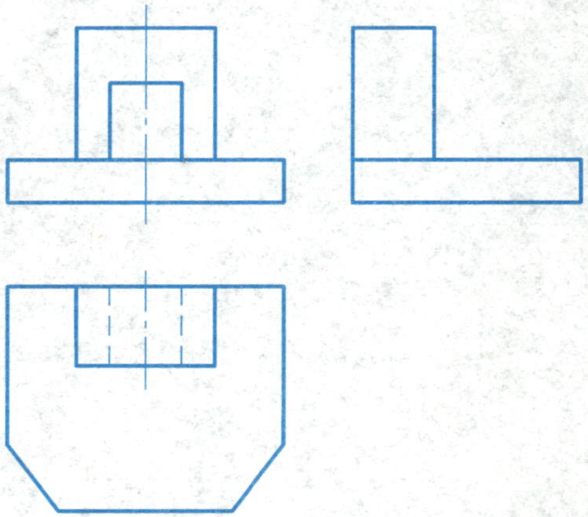

3-8 补画三视图中缺漏的图线(三)

1.

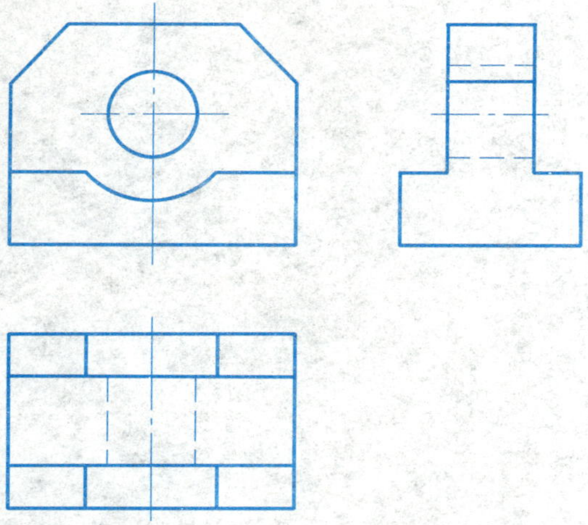

2.

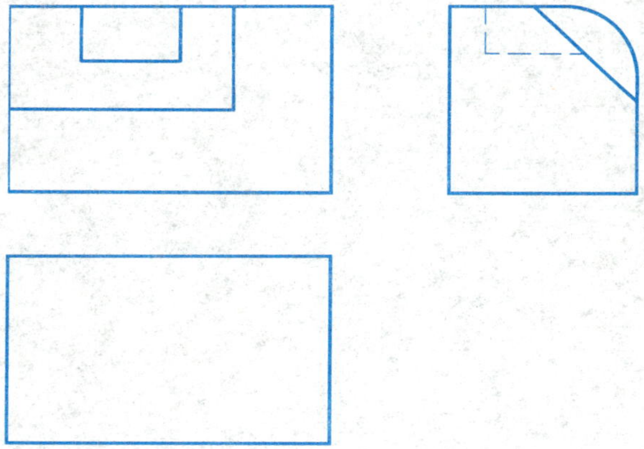

3.

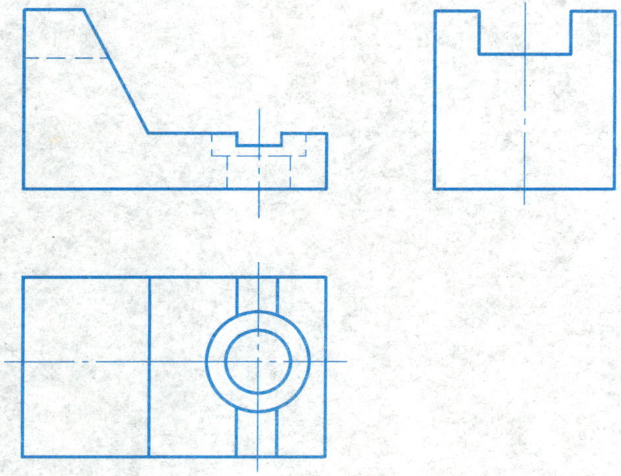

4.

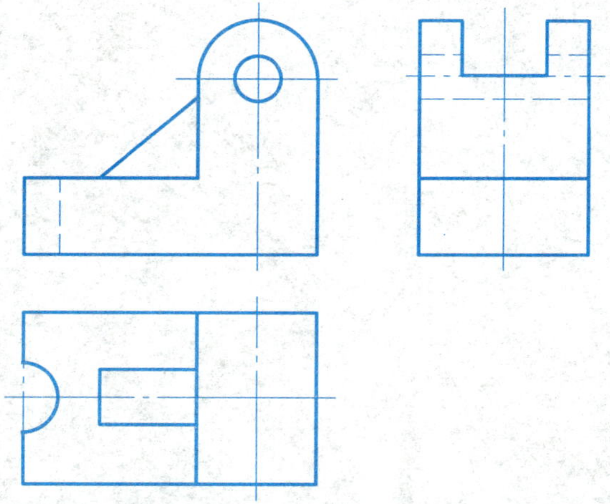

3-9 补画物体被截切后的投影(一)

1.

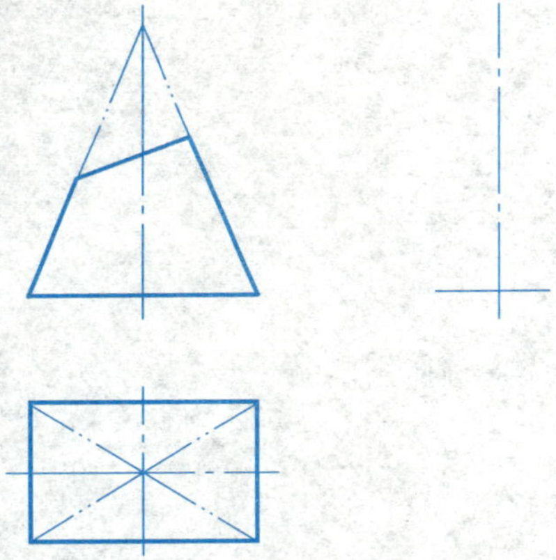

2.

3.

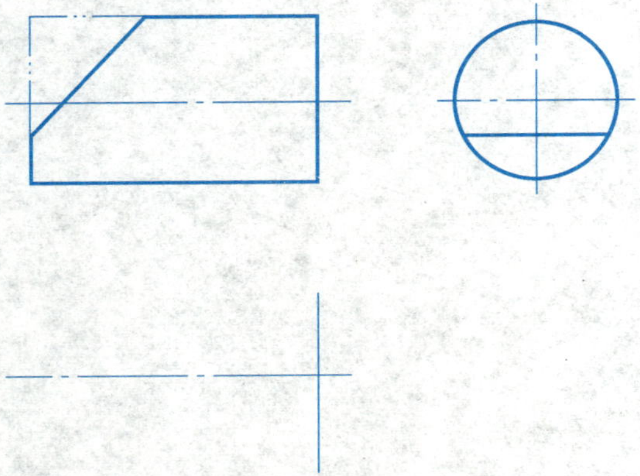

4.

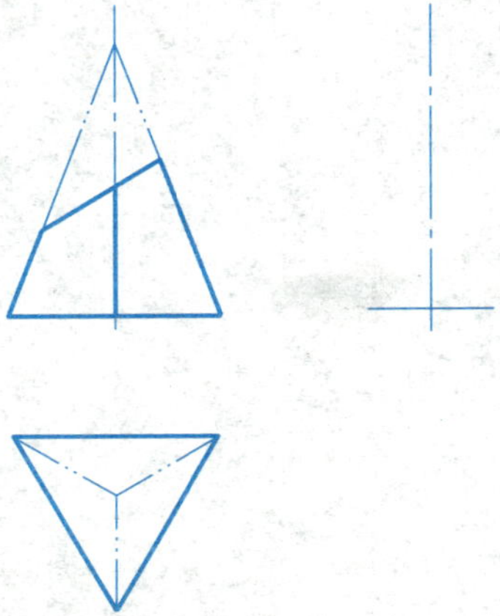

班级　　姓名　　学号

3-10 补画物体被截切后的投影(二)

1.

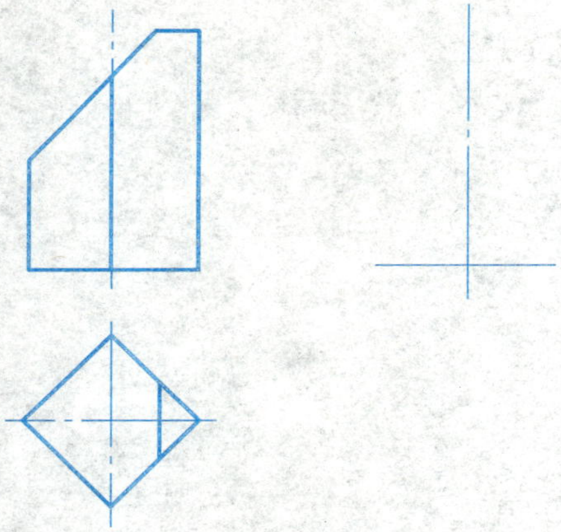

2.

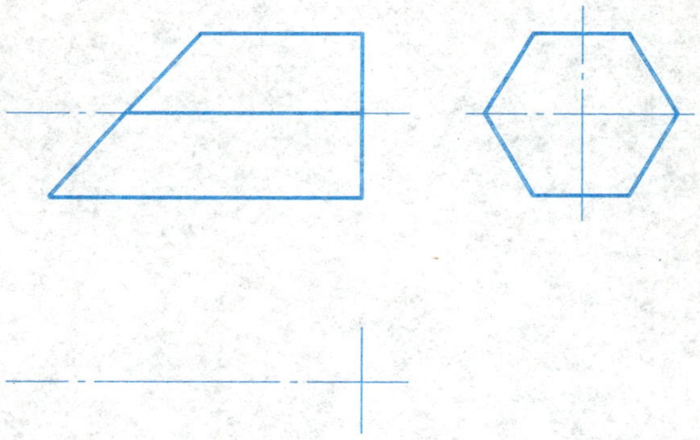

3.

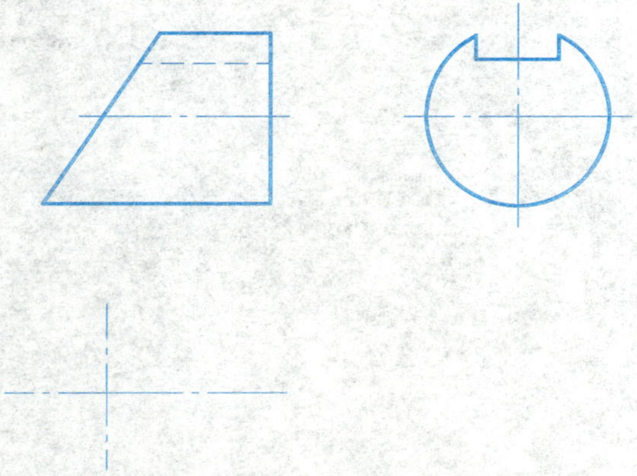

4.

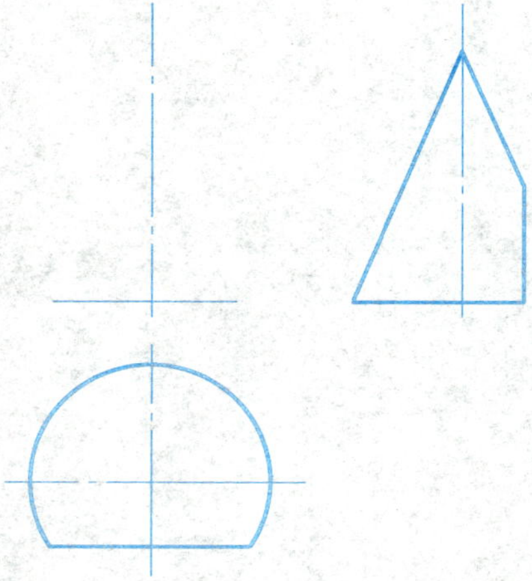

3-11 补画物体被截切后的投影(三)

1.

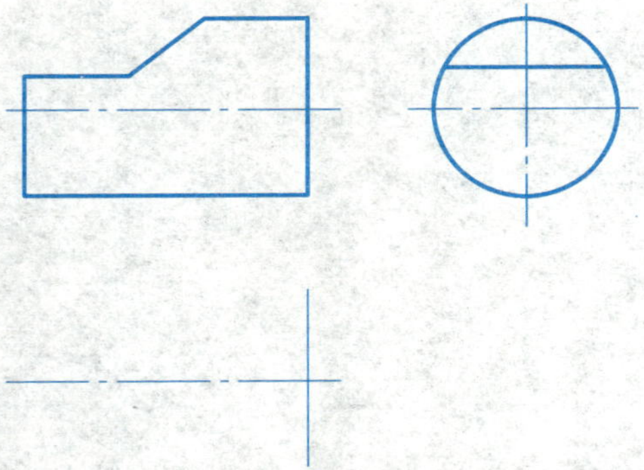

2.

3.

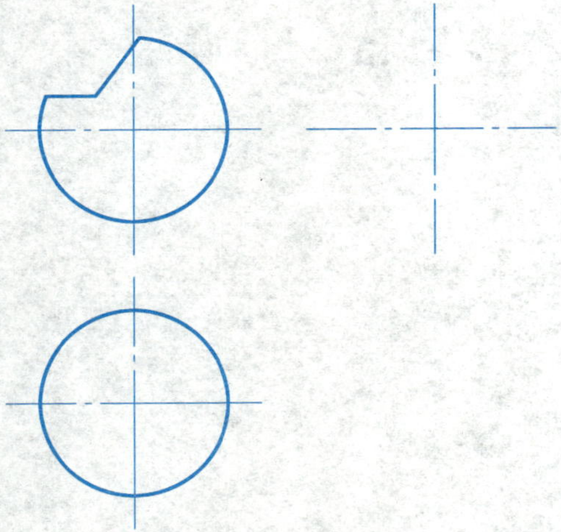

4.

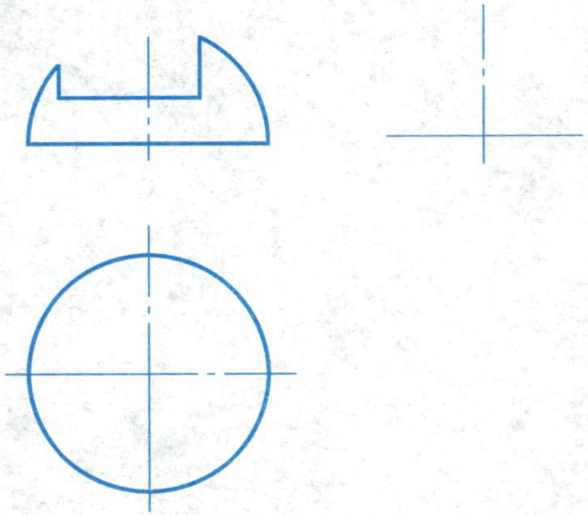

3-12 补画物体被截切后的投影(四)

1.

2.

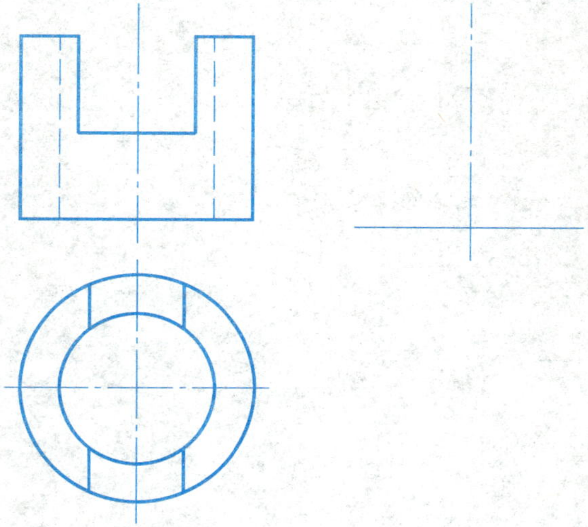

3.

4.

班级　　姓名　　学号

3-13 补画物体被截切后的投影(五)

1.

2.

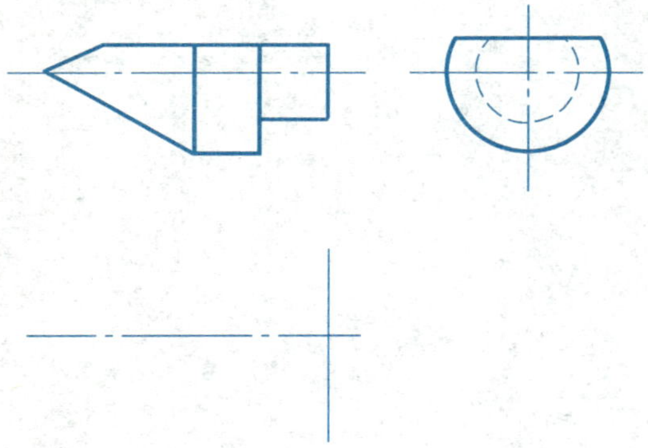

3.

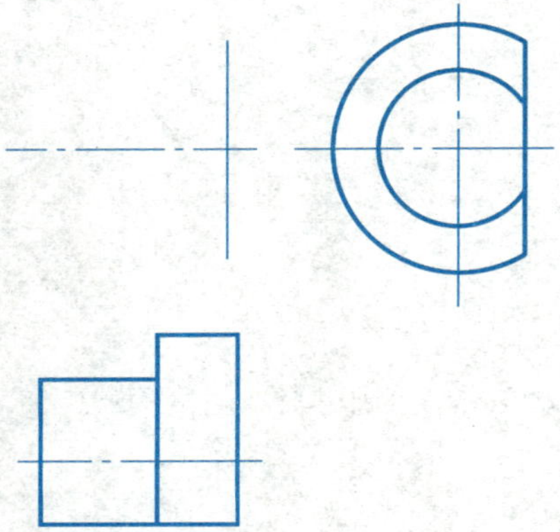

4.

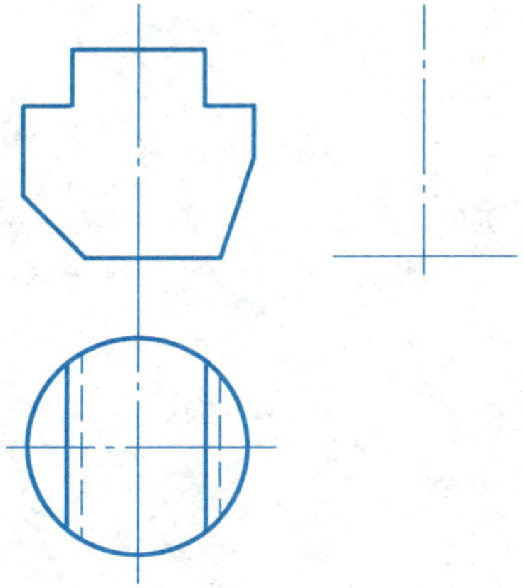

1.

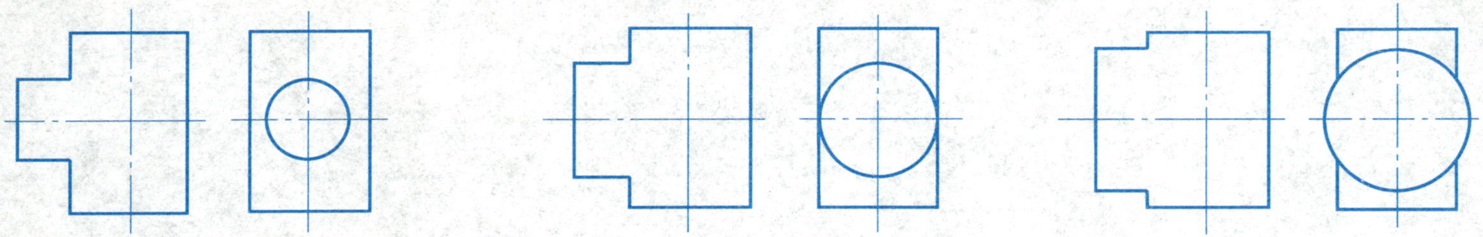

2.

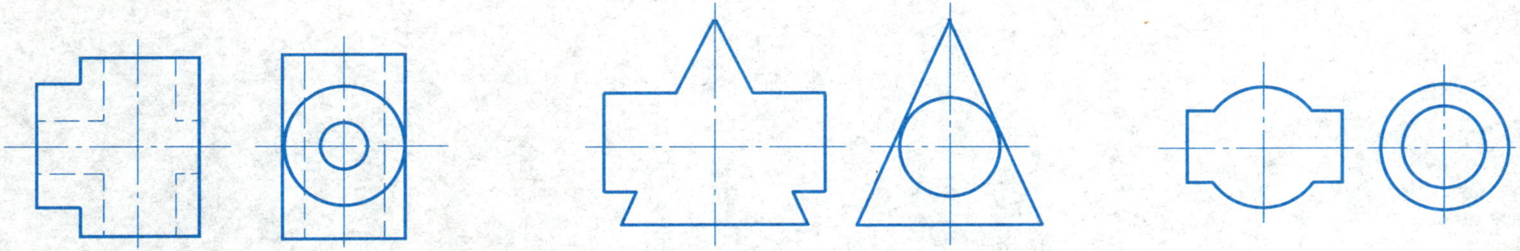

3-15 补画第三视图

1.

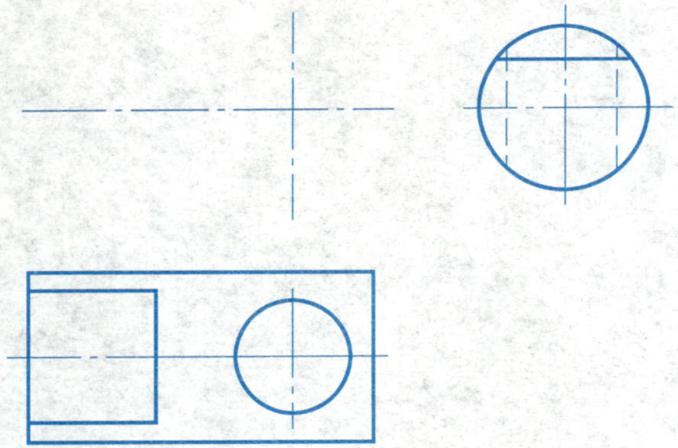

2.

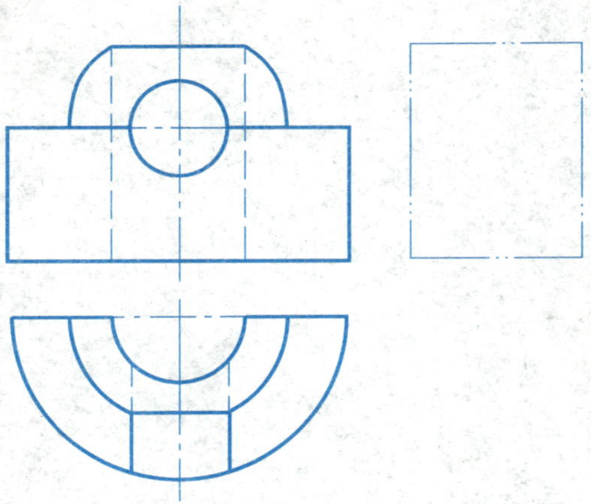

3.

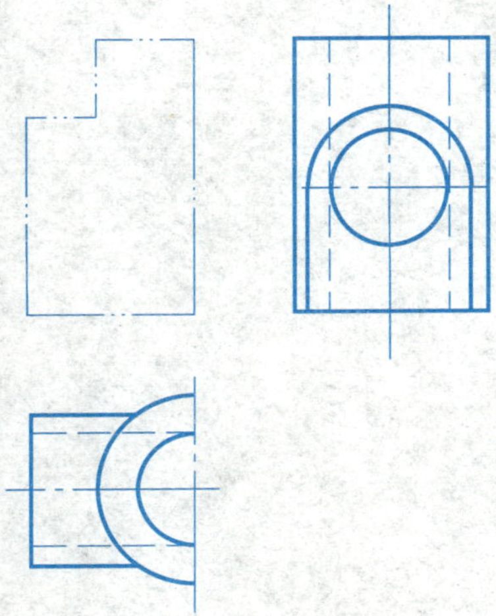

4.

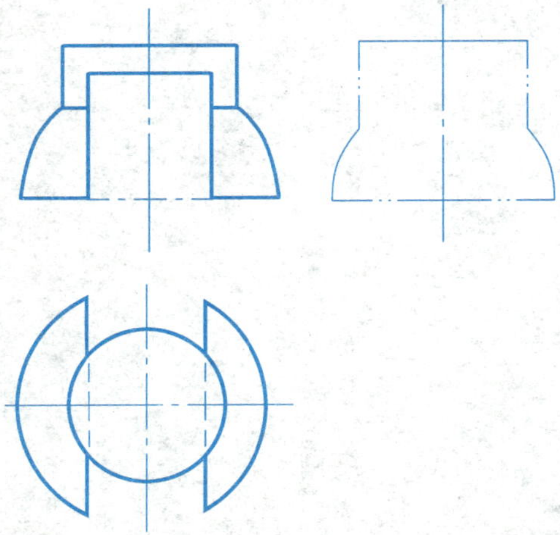

3-16 补画视图中缺漏的相贯线

1.

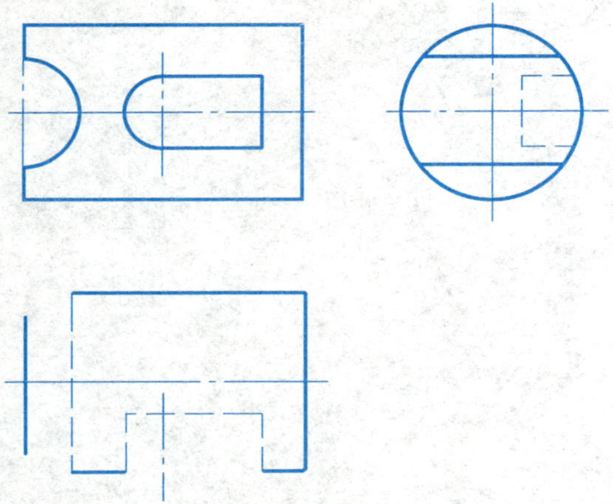

2.

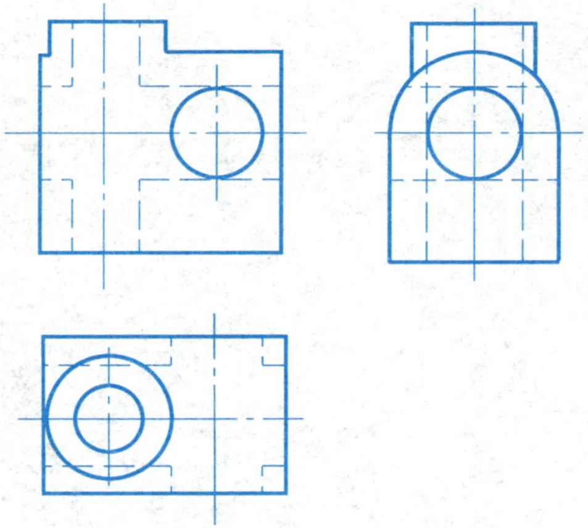

3.

4.

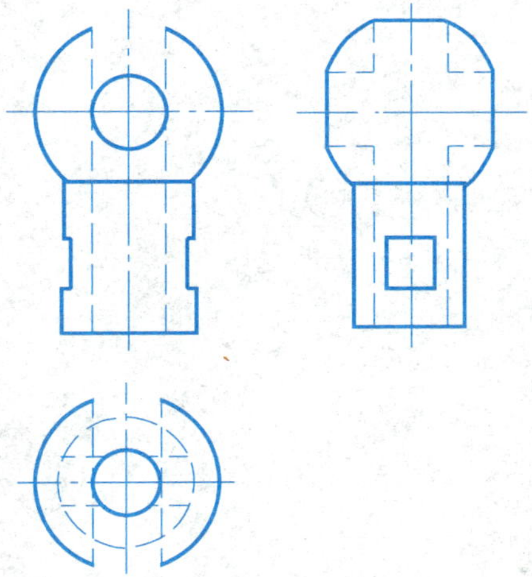

三、看组合体视图

3-17 判断组合体类型，补画第三视图(一)

1.

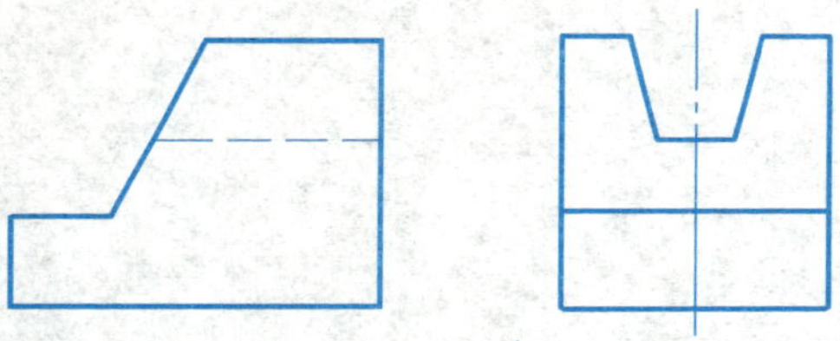

2.

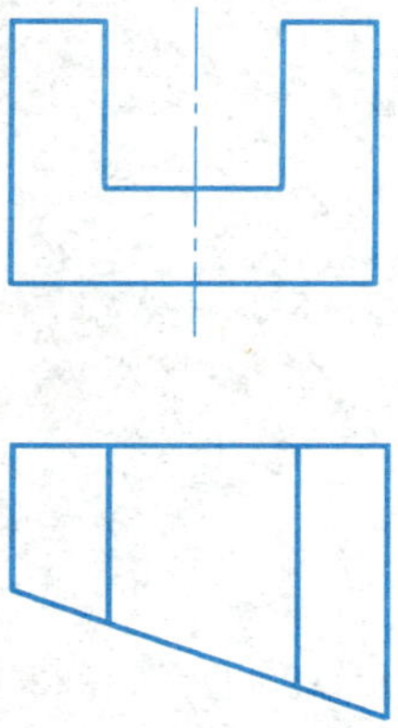

3.

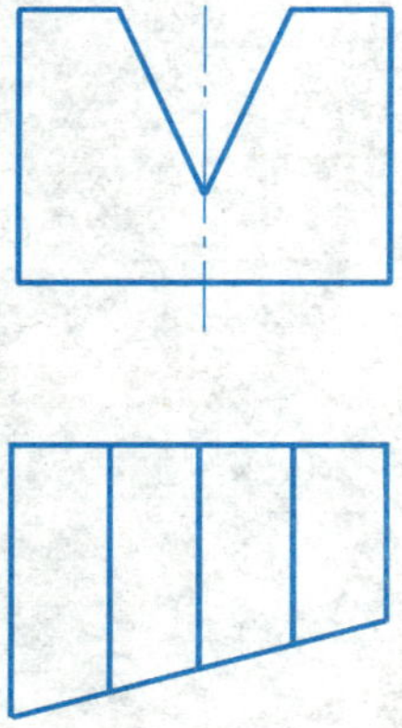

4.

3-18 判断组合体类型,补画第三视图(二)

1.

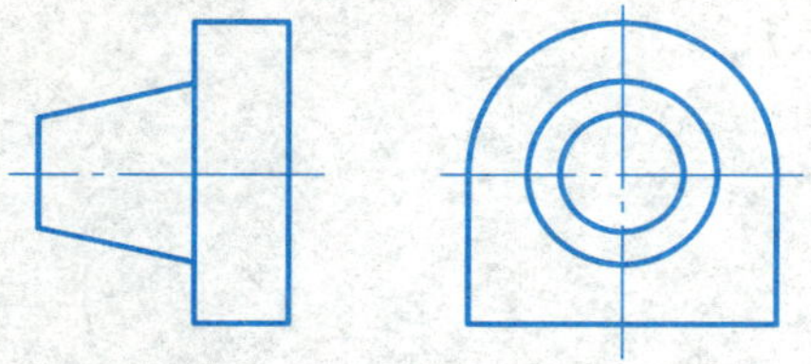

2.

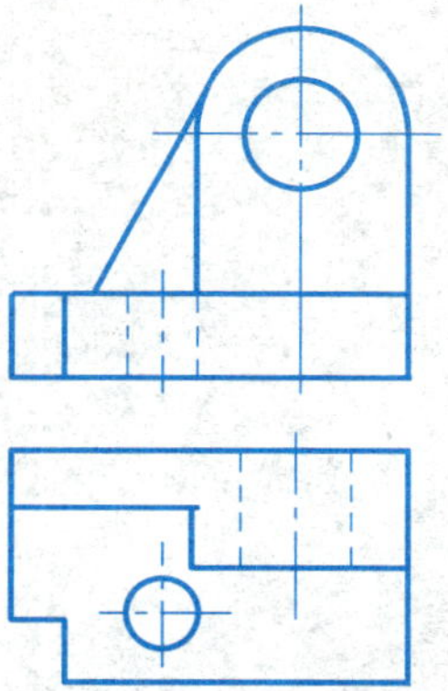

3.

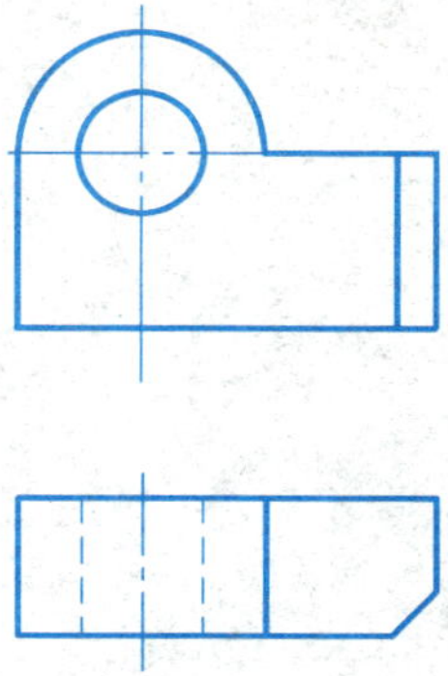

4.

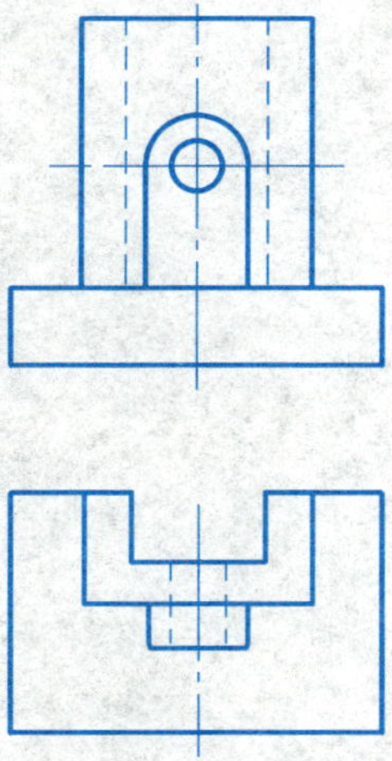

5.

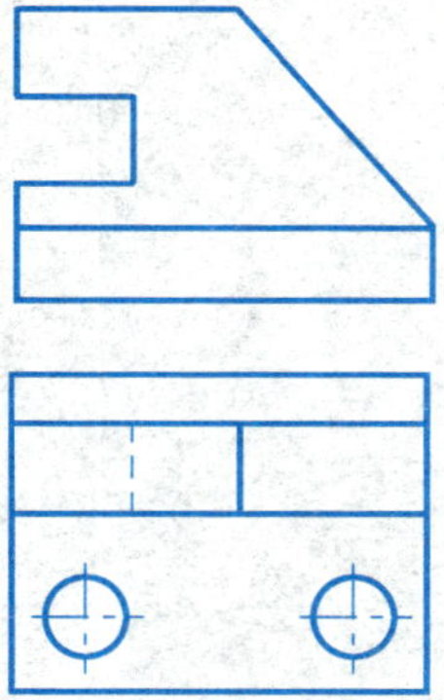

6.

3-19 判断组合体类型，补画漏线及左视图

1.

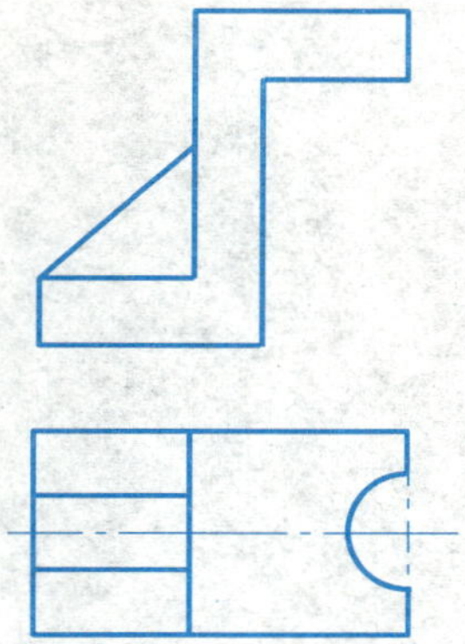

2.

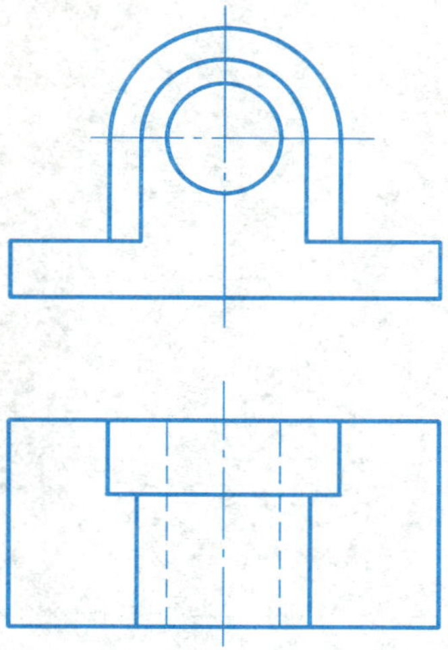

3.

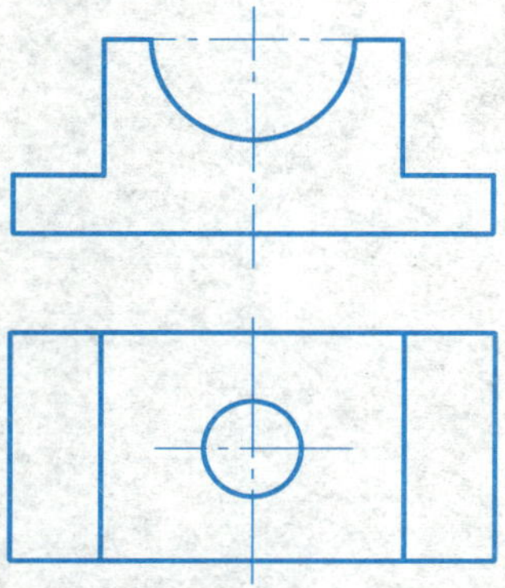

4.

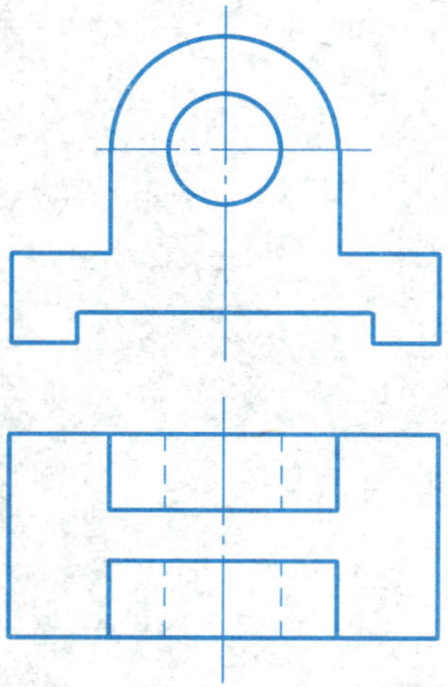

3-20 补画第三视图

1. 补画左视图。

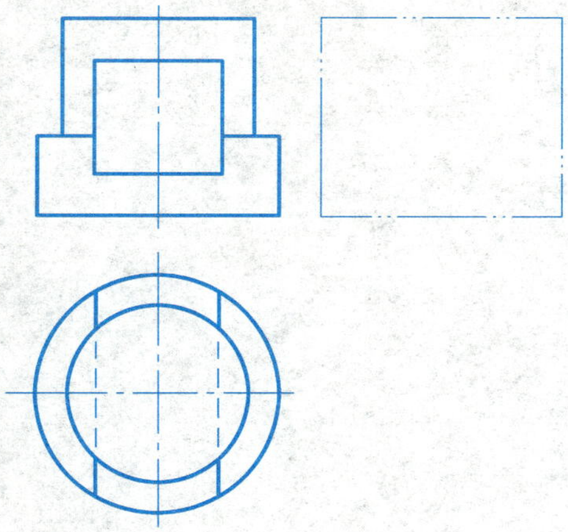

2. 补画主视图。

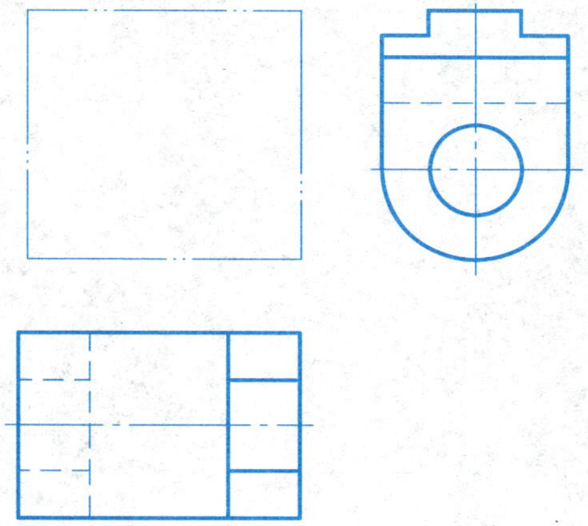

3. 补画俯视图。

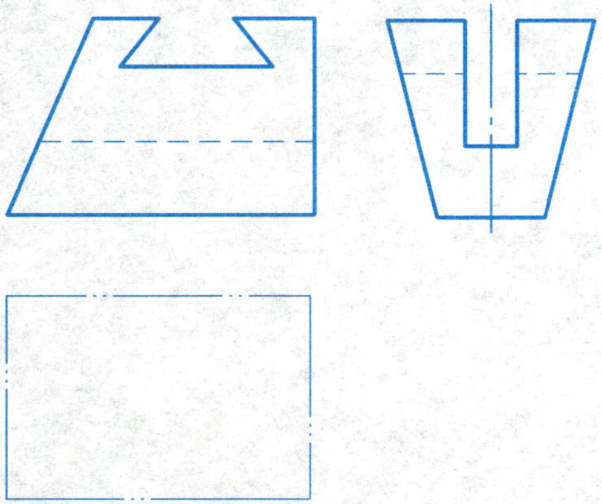

4. 补画左视图。

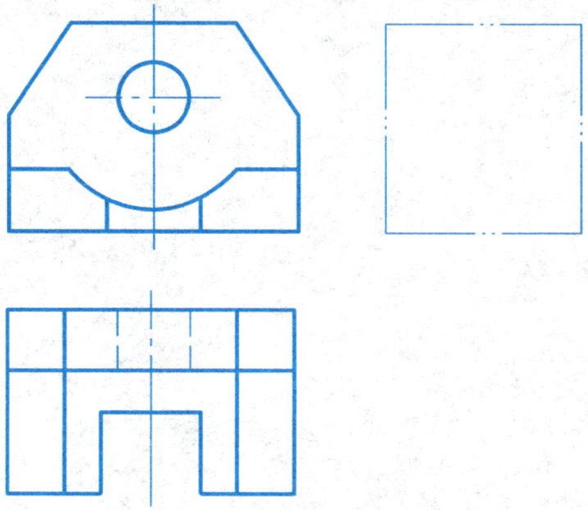

3-21　补画左视图

1.

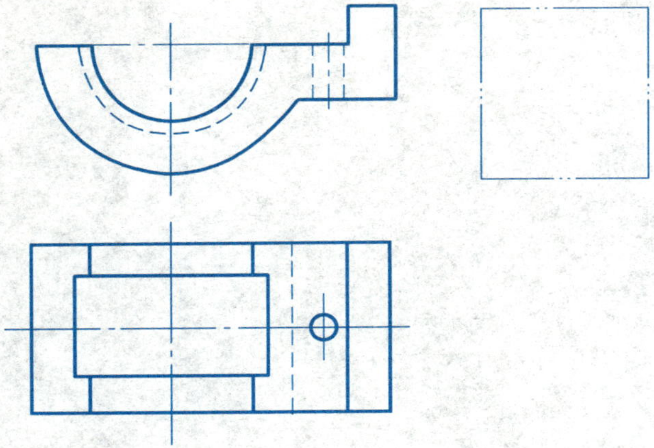

2.

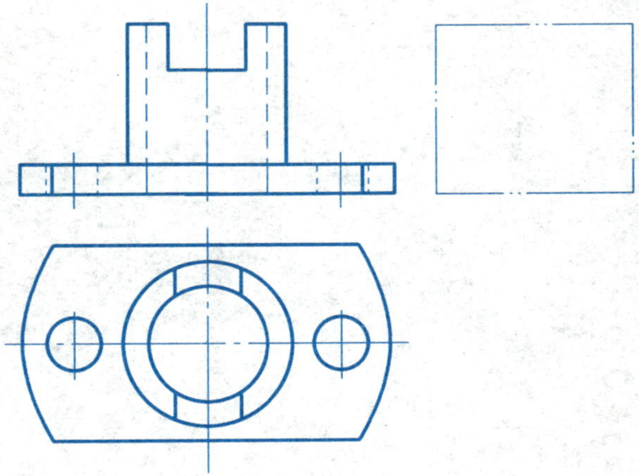

3.

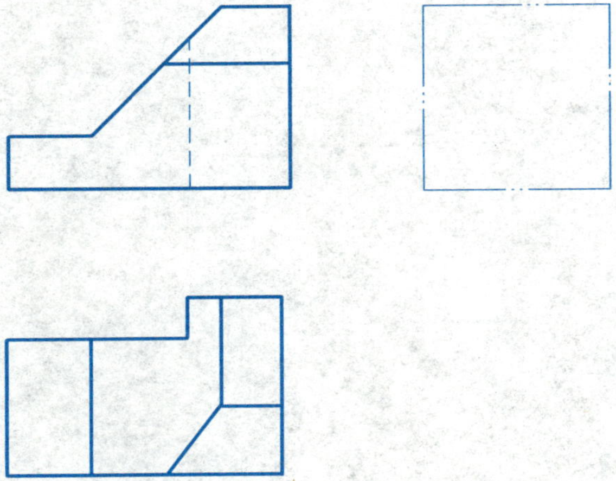

4.

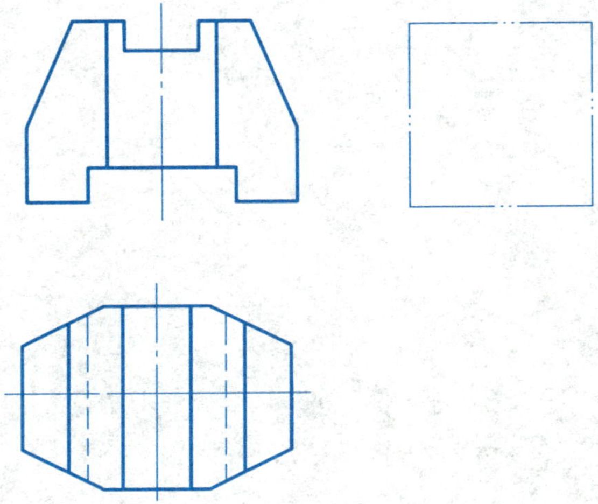

四、组合体尺寸注法

3-22 补画漏线并标注尺寸(一)(尺寸数值按比例 1∶1 从图中量取整数)

1.

2.

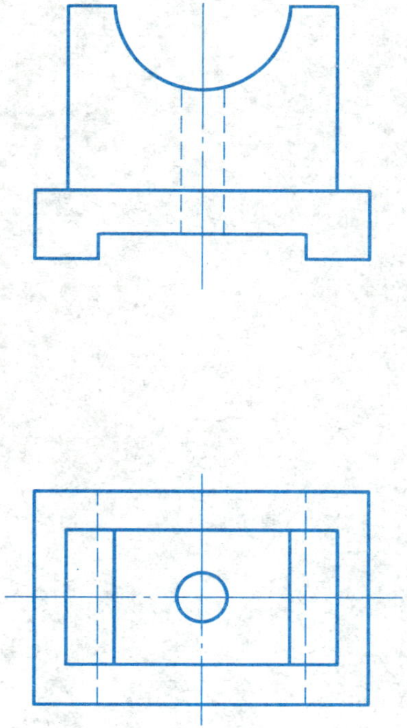

3-23　补画漏线并标注尺寸(二)(尺寸数值按比例 1∶1 从图中量取整数)

1.

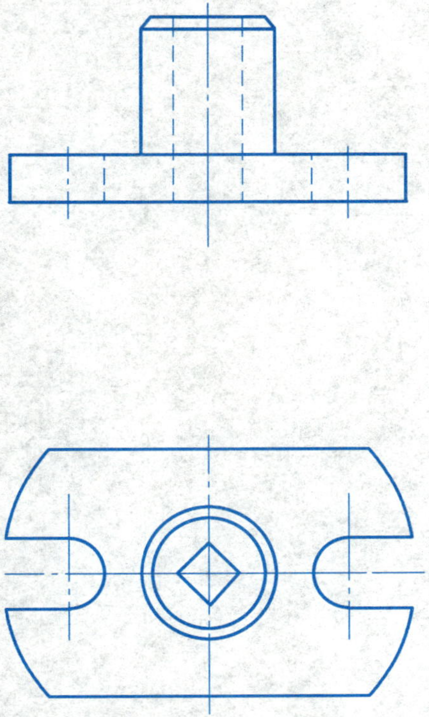

2.

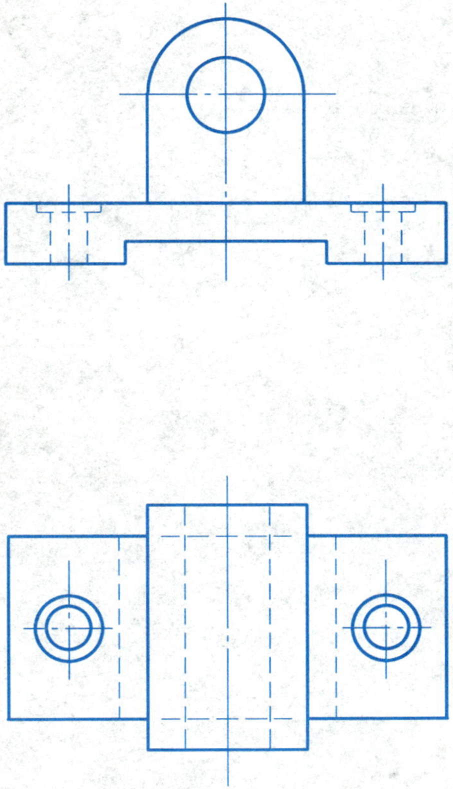

组合体三视图

(一)作业目的

1. 掌握根据组合体模型或轴测图画三视图的方法,提高绘图技巧。

2. 熟悉组合体视图的尺寸标注。

(二)内容及要求

1. 根据组合体模型或轴测图画三视图,并标出组合体视图尺寸。

2. 比例、图幅自定,用铅笔加深图线。

(三)作图步骤

1. 运用形体分析法和线面分析法搞清组合体的组成部分,以及各组成部分之间的相对位置和组合关系。

2. 选择主视图方向。

3. 用细点画线和细实线画底稿。

4. 检查底稿,修正错误,擦除多余的图线。

5. 依次标注尺寸、加深图线和填写标题栏。

(四)注意事项

1. 视图布置要合理匀称,留出标注尺寸和标题栏的位置。

2. 正确运用形体分析法和线面分析法,按组合体的组成特点,一部分一部分地画。切忌将一个视图全部画完,再画另一个视图。

3. 标注尺寸时要正确、完整、清晰。

(五)练习题目

详见图 1~图 3。

图 1

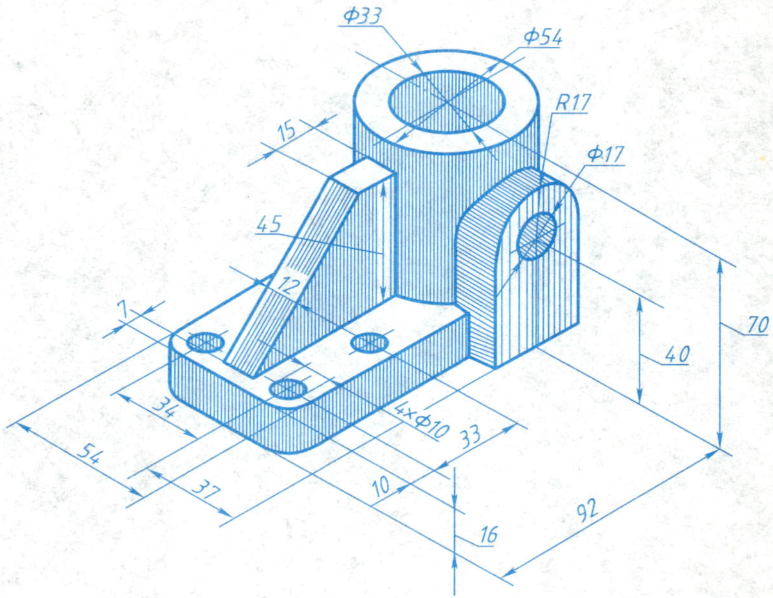

3-25　组合体三视图(二)

图 2

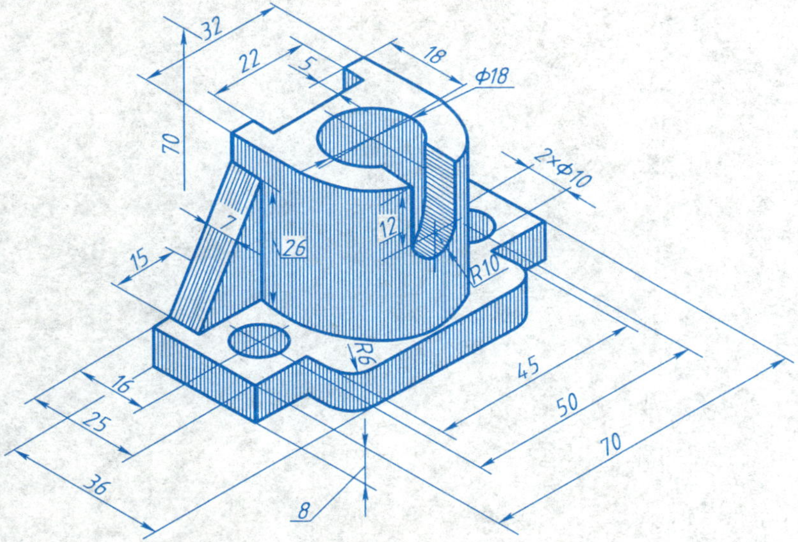

图 3

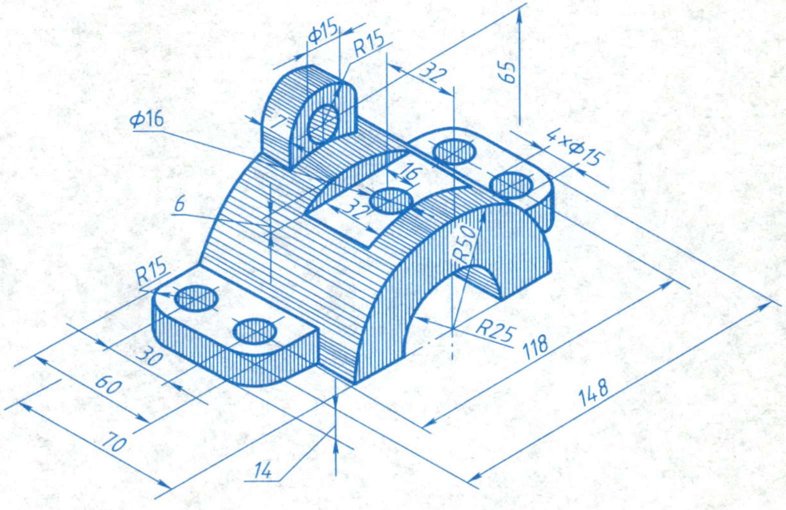

五、构图练习

3-26　根据两面视图构想物体形状，补画第三视图（至少画出 3 种）

1.

2.

3.

4.

班级　　　　姓名　　　　学号

3-27 根据一面视图构想不同形状的组合体，补画另外两个视图(未定尺寸自定)

1.

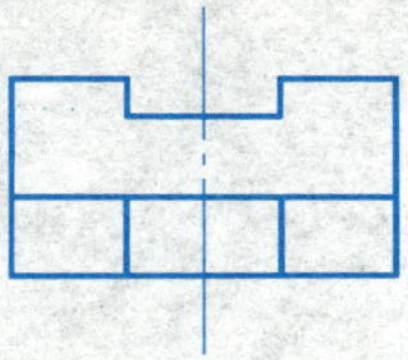

2.

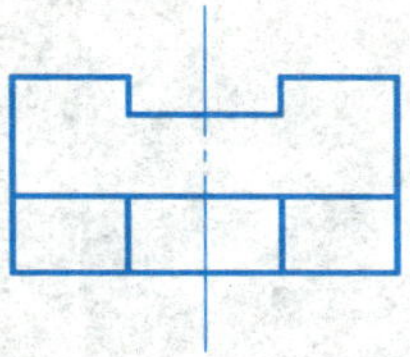

3.

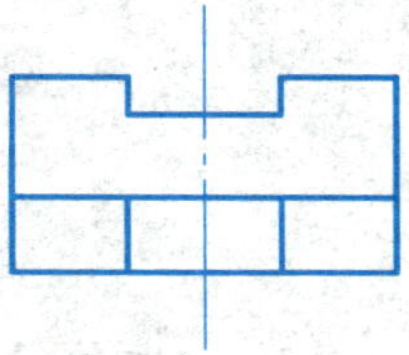

4.

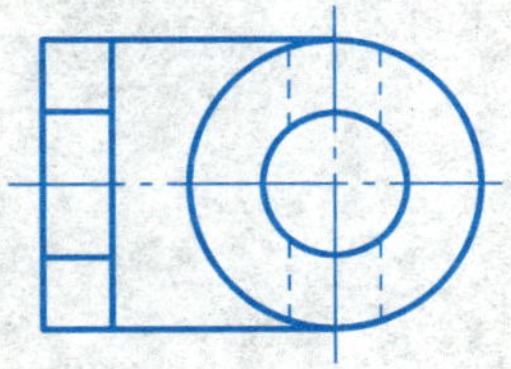

5.

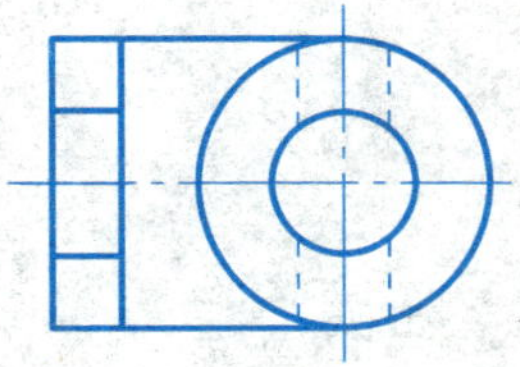

6.

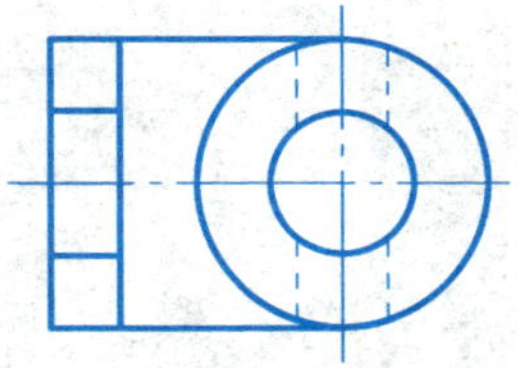

第四单元　轴　测　图

一、正等测轴测图

4-1　画出下面形体的正等测轴测图(一)(尺寸按比例 1∶1 从视图中量取)

1.

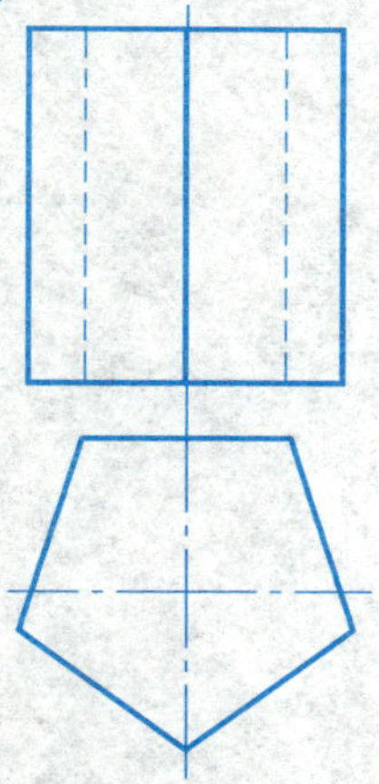

2.

3.

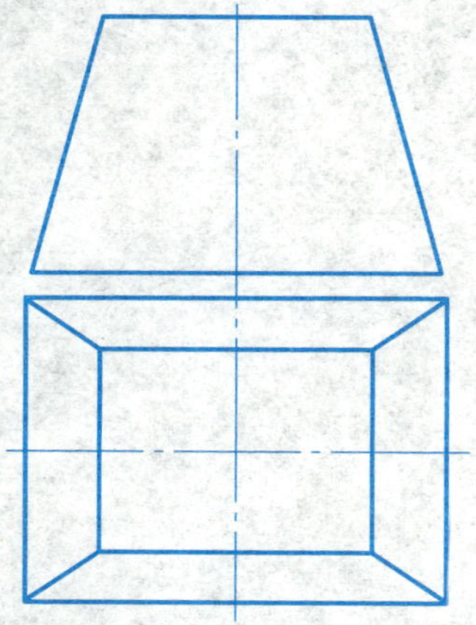

4.

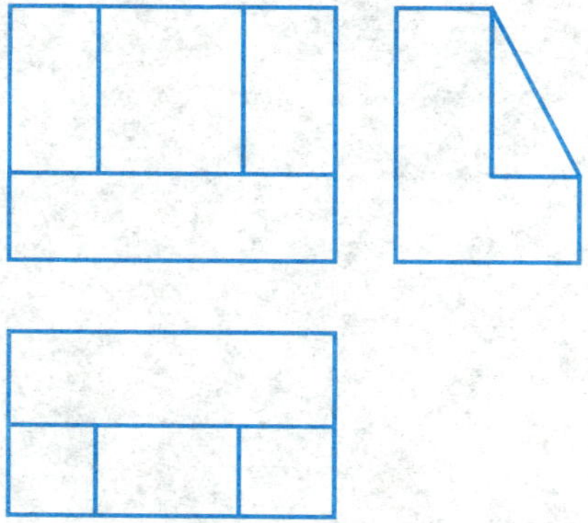

4-2 画出下面形体的正等测轴测图(二)(尺寸按比例 1∶1 从视图中量取)

1.

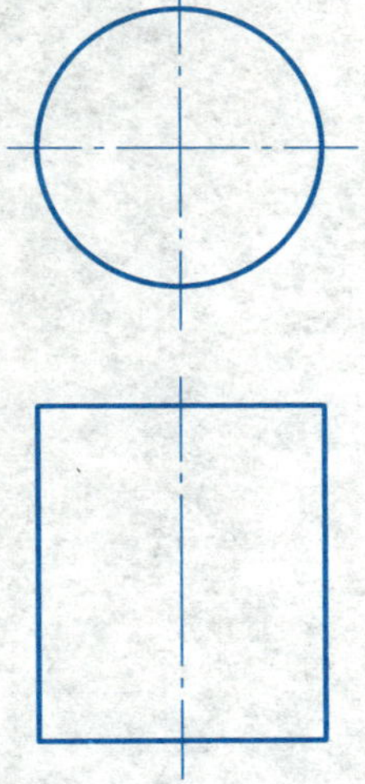

2.

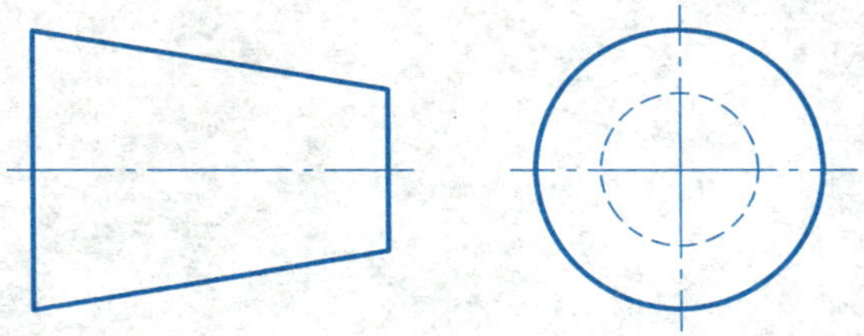

3.

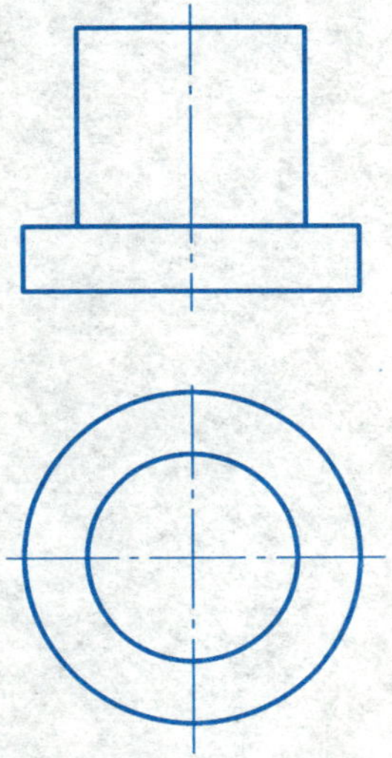

4.

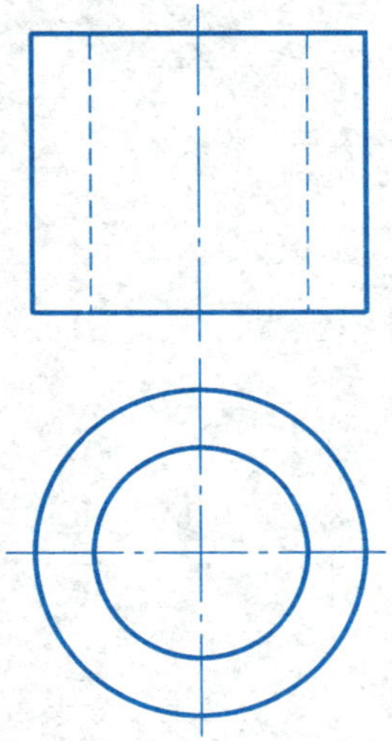

4-3 根据视图画正等测轴测图(尺寸按比例 1∶1 从视图中量取)

1.

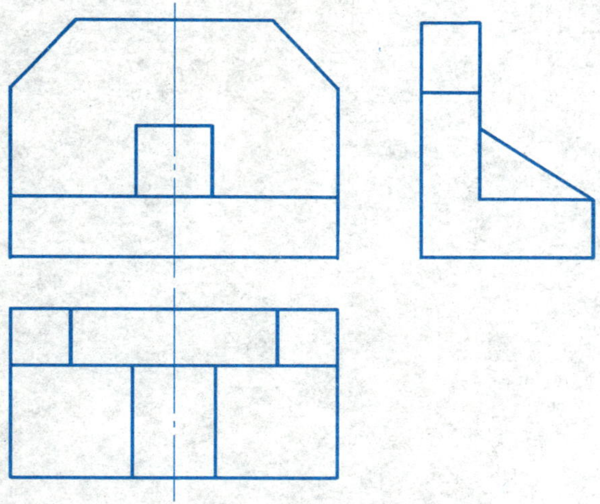

2.

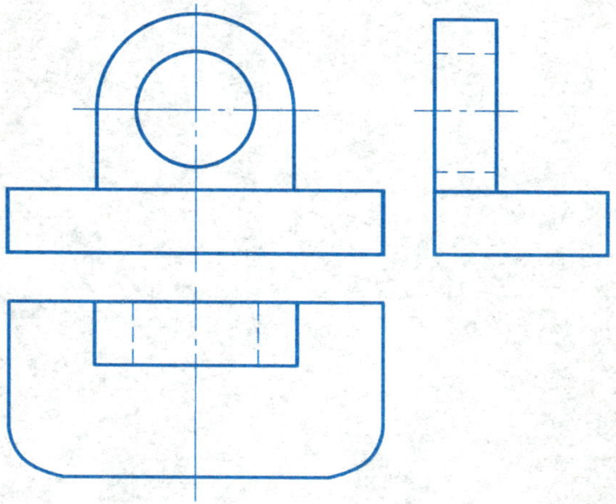

班级　　　姓名　　　学号　　　

二、斜二测轴测图

4-4　完成下面图形的斜二测轴测图(尺寸按比例 1：1 从视图中量取)

1.

2.

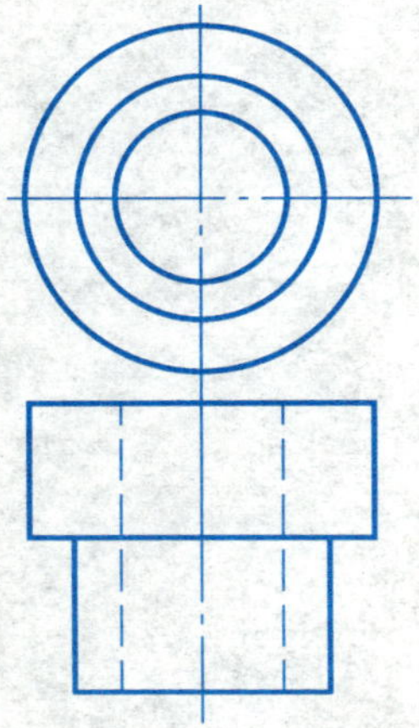

3.

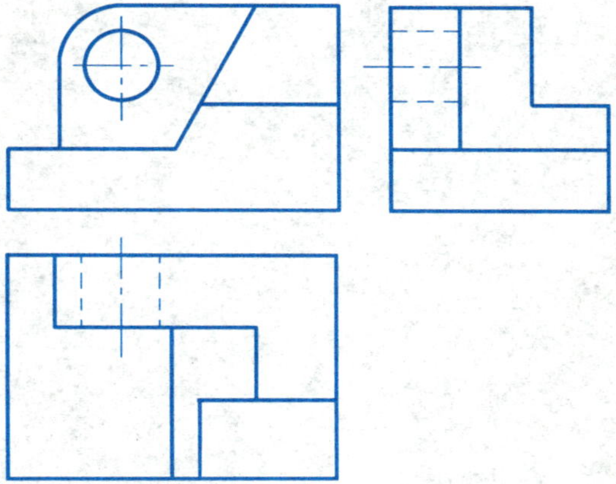

第五单元　物体的表达方法

一、视图

5-1　根据主、俯、左视图，补画右、后、仰视图（按基本视图位置配置）

5-2　根据主、俯视图，补画左、右、后、仰视图（按向视图位置配置）

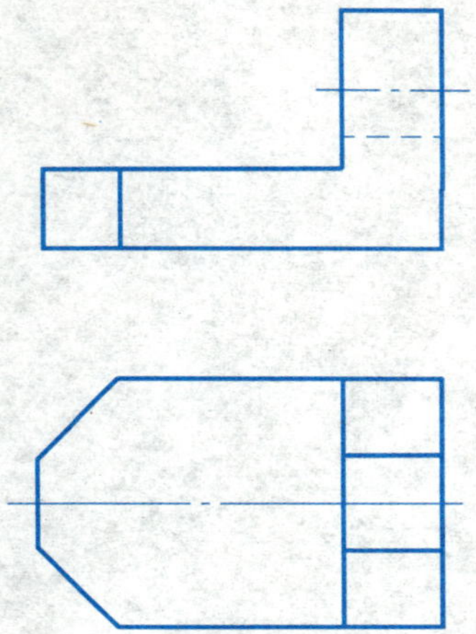

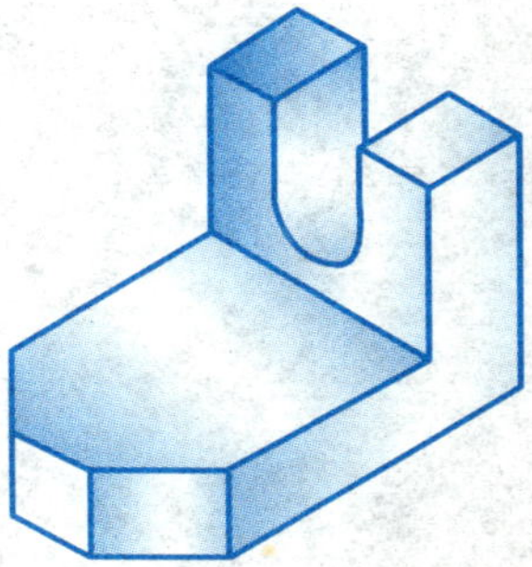

5-3 局部视图和斜视图(一)

画出俯视图的局部视图。

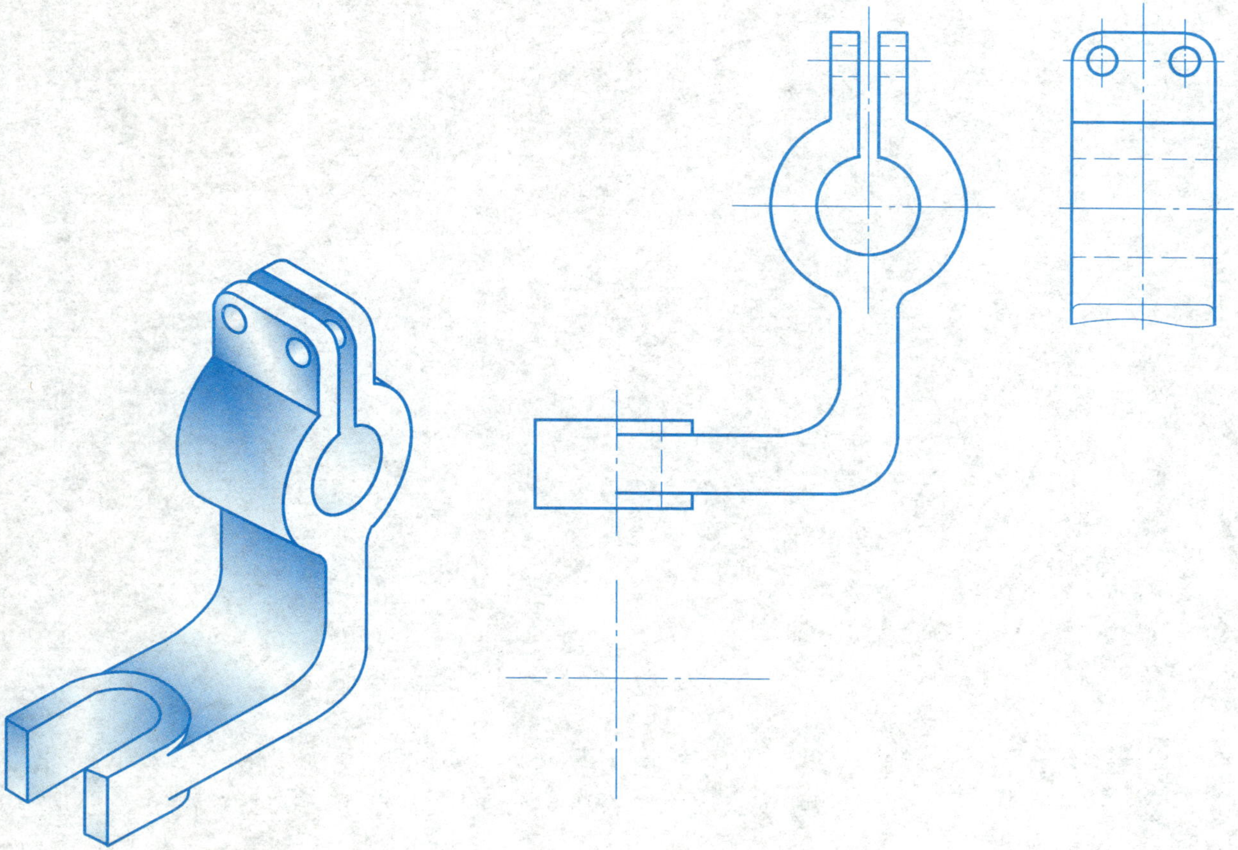

画出 A、B 向斜视图。

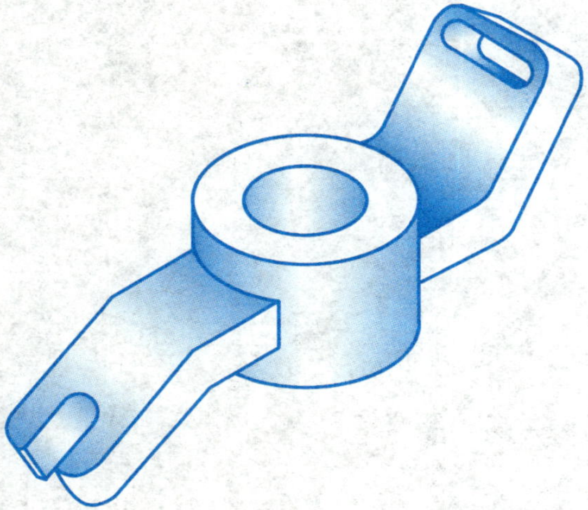

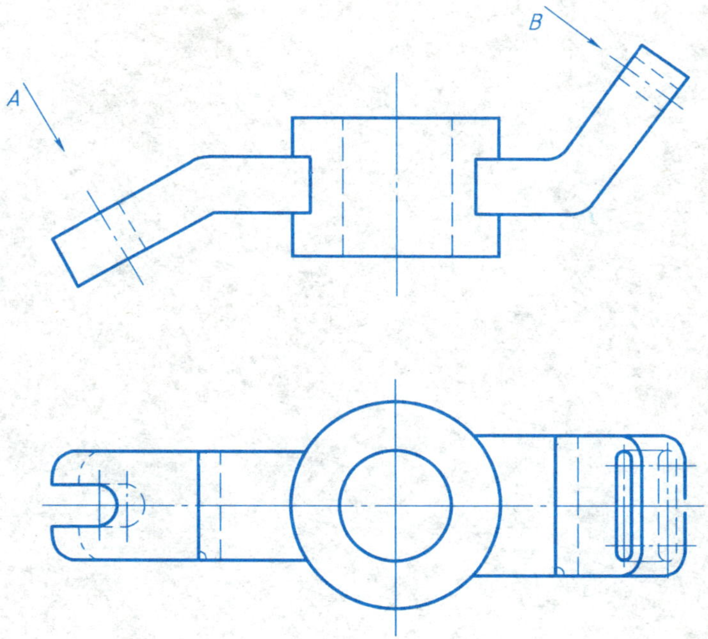

5-5 局部视图和斜视图(三)

根据轴测图补画斜视图 A、局部视图 B,并完成 C 向局部视图。

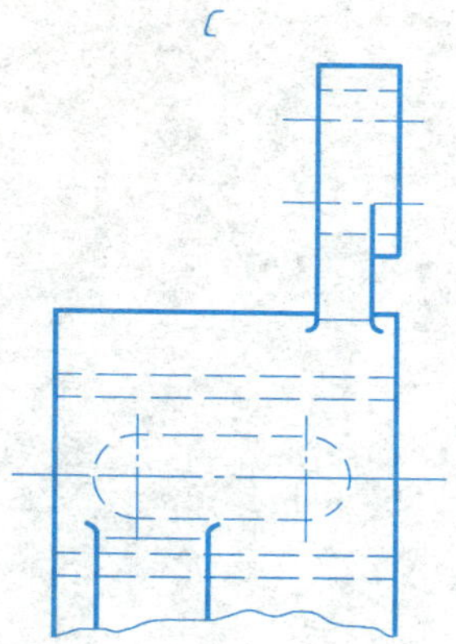

班级　　　　姓名　　　　学号

1. 从图中直接量取尺寸，画出 B 向局部视图和 A 向斜视图(可以旋转配置)，并按规定标注。

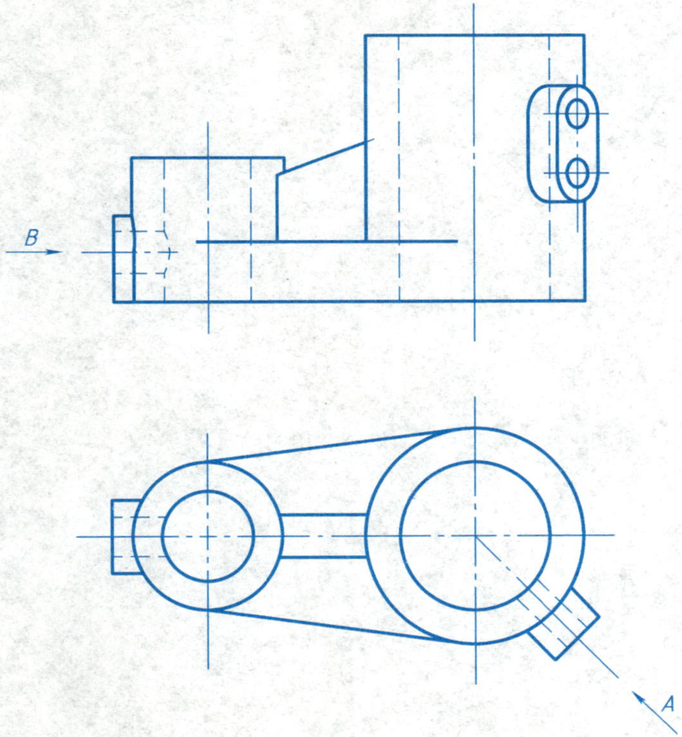

2. 从图中直接量取尺寸，画出 A 向斜视图(可以旋转配置)，并按规定标注。

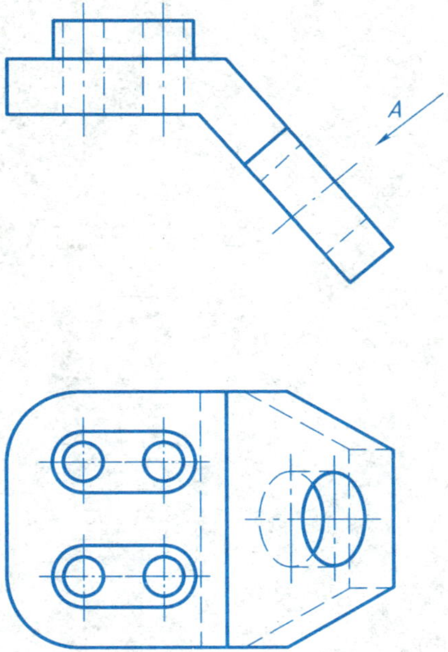

二、剖视图

5-7 补画全剖视图中缺漏的图线

1.

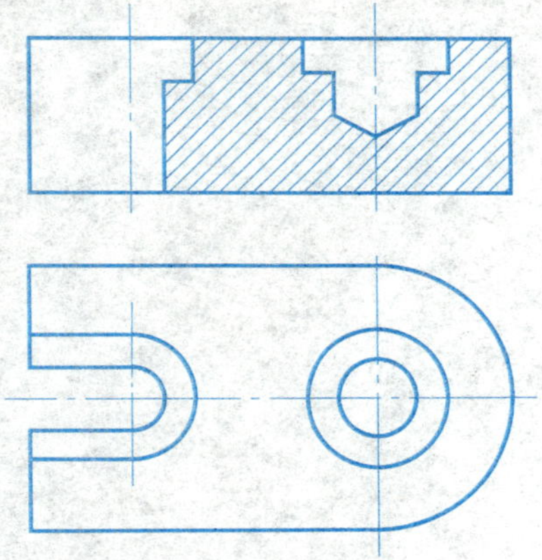

2.

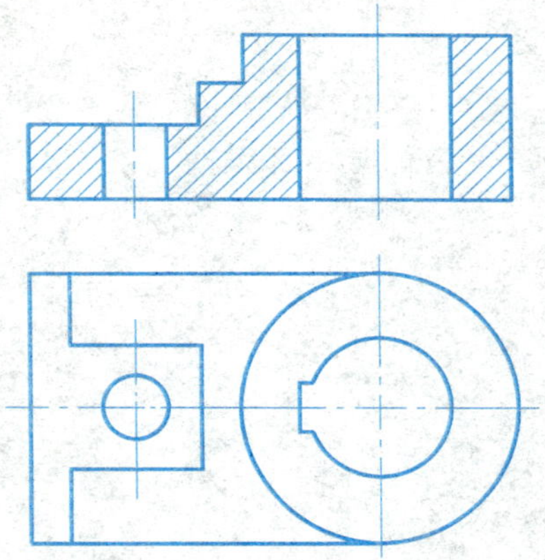

3.

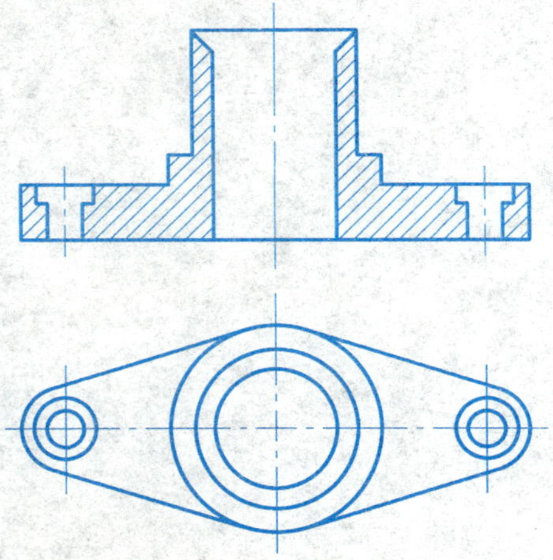

4.

5-8 补画剖视图中缺漏的图线

1.

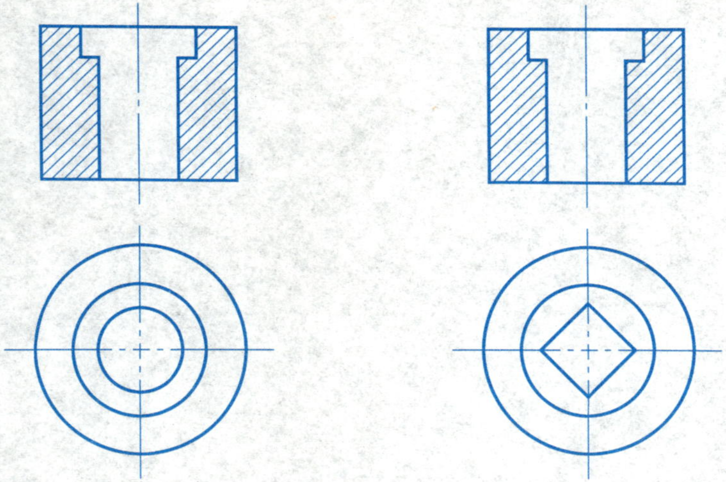

2.

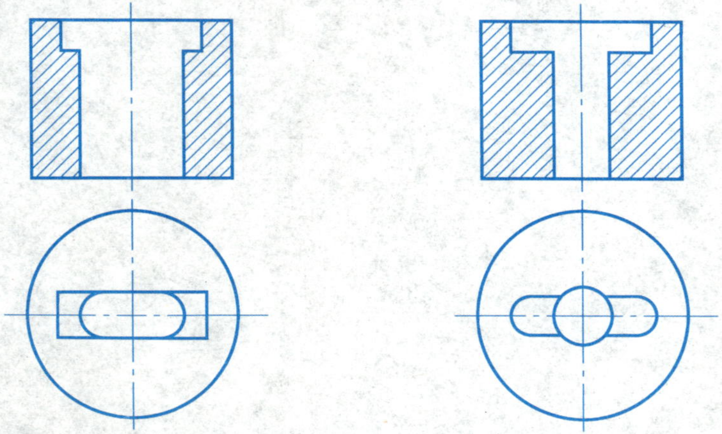

3.

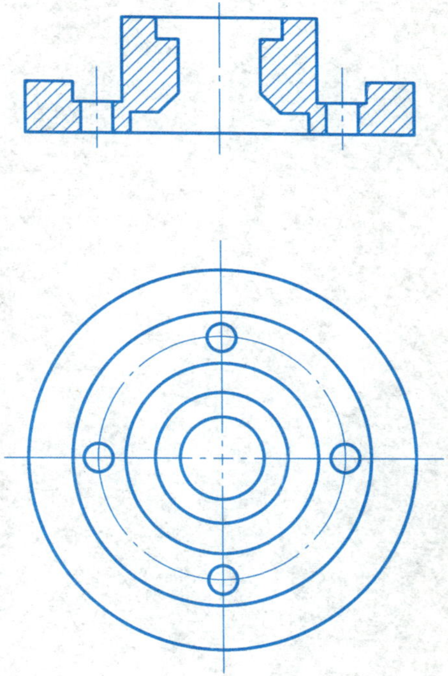

5-9 在指定位置将主视图改画成全剖视图(一)(不要的图线画"×")

1.

2.

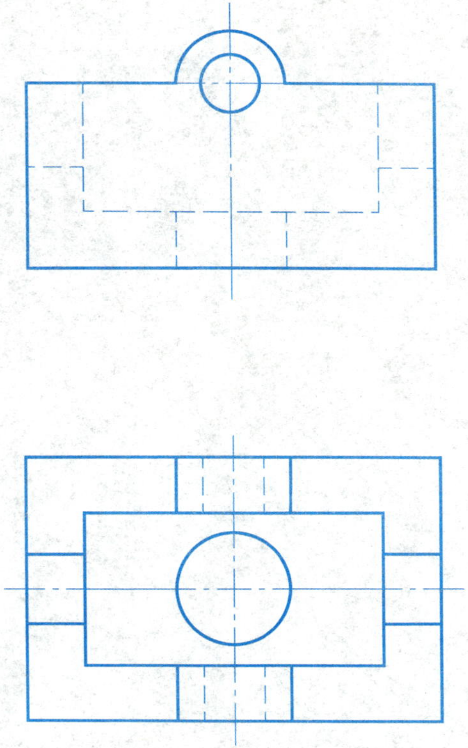

3.

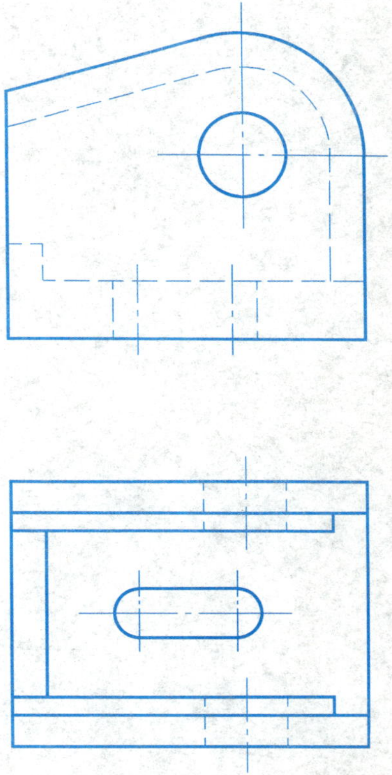

5-10 在指定位置将主视图画成全剖视图(二)

1.

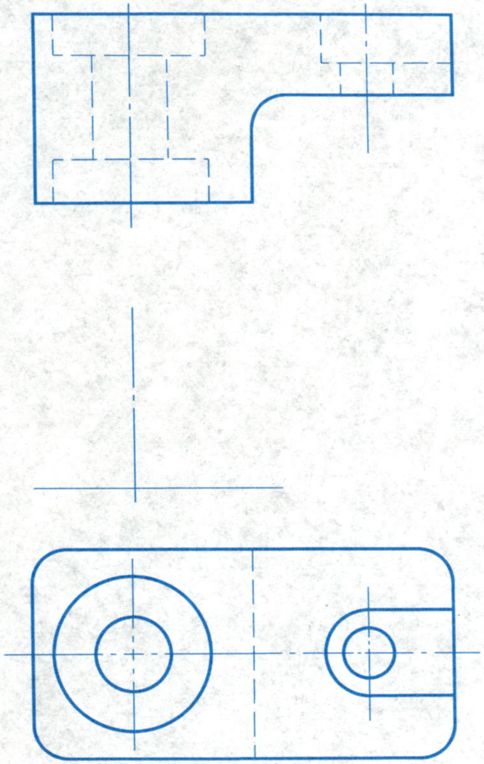

2.

5-11 在指定位置将主视图画成全剖视图(三)

1.

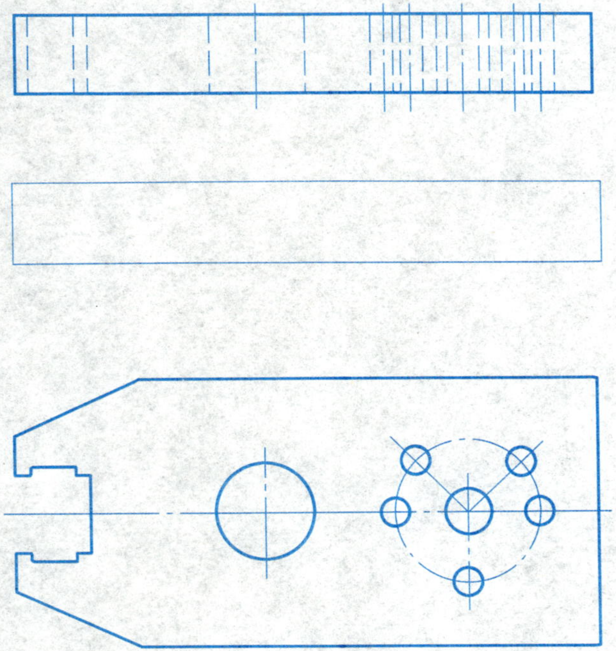

2.

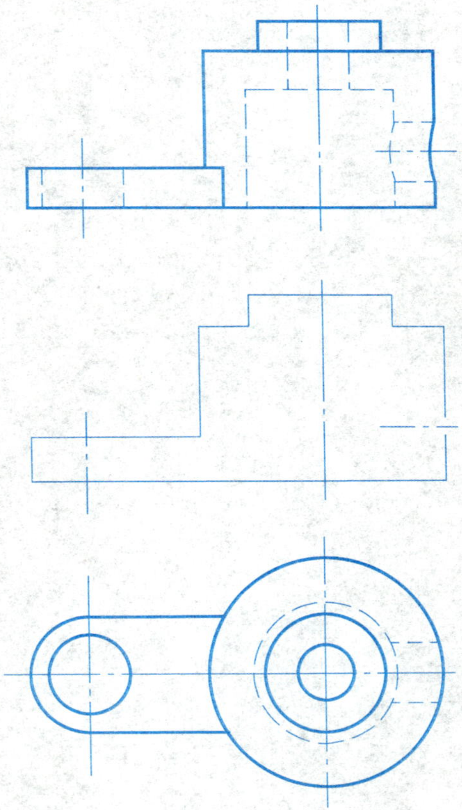

5-12 在指定位置将主视图画成全剖视图(四)

1.

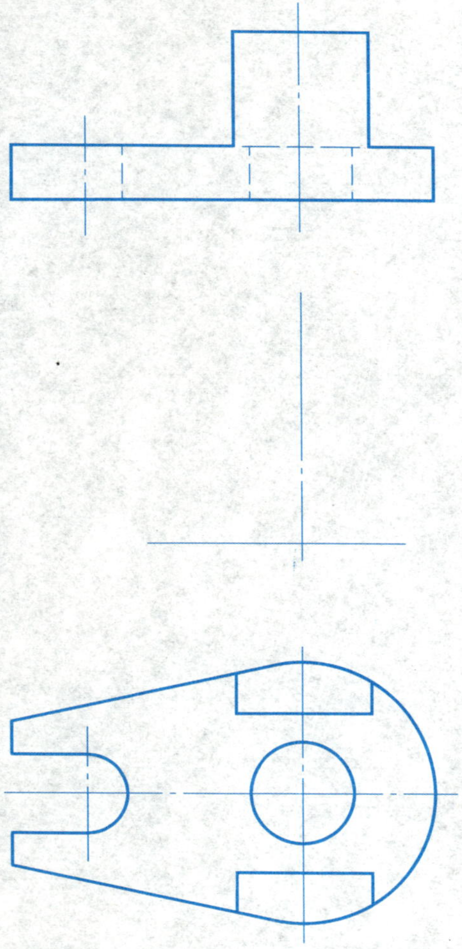

2.

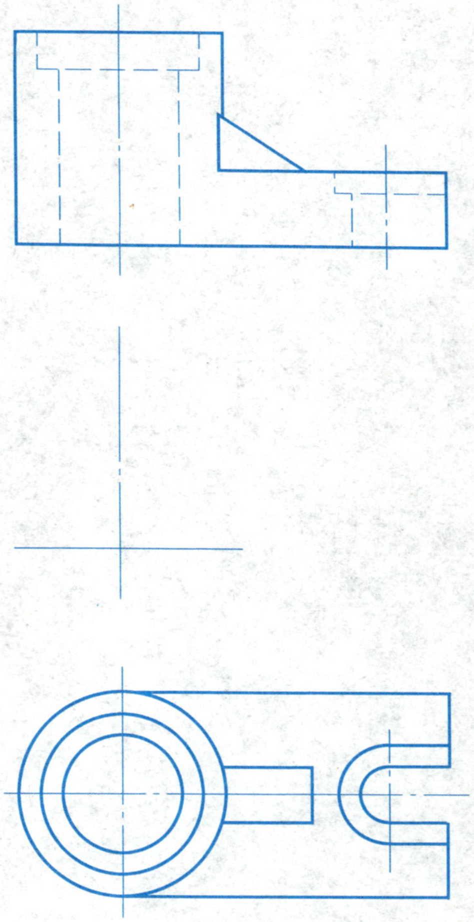

5-13　在指定位置将主视图画成全剖视图(五)

1.

2.

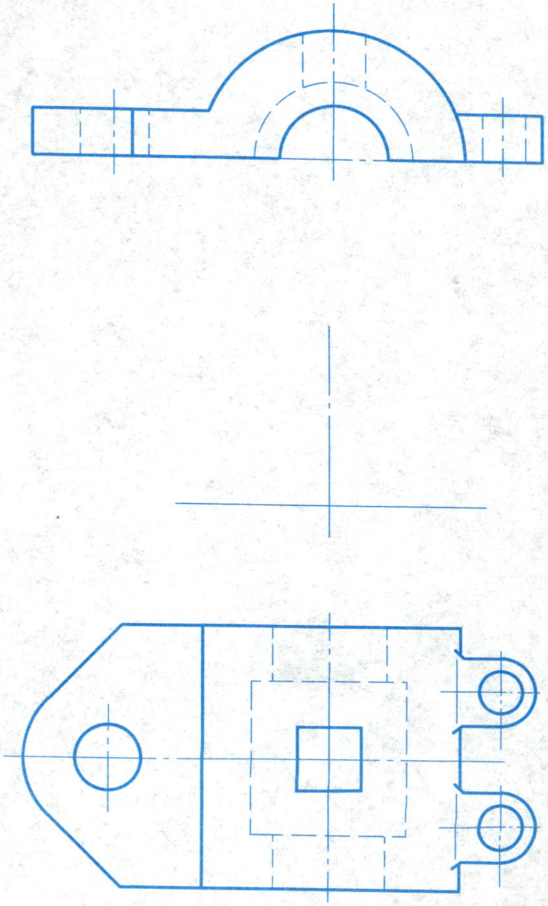

班级　　　　姓名　　　　学号

5-14 在指定位置将主视图画成全剖视图(六)

1.

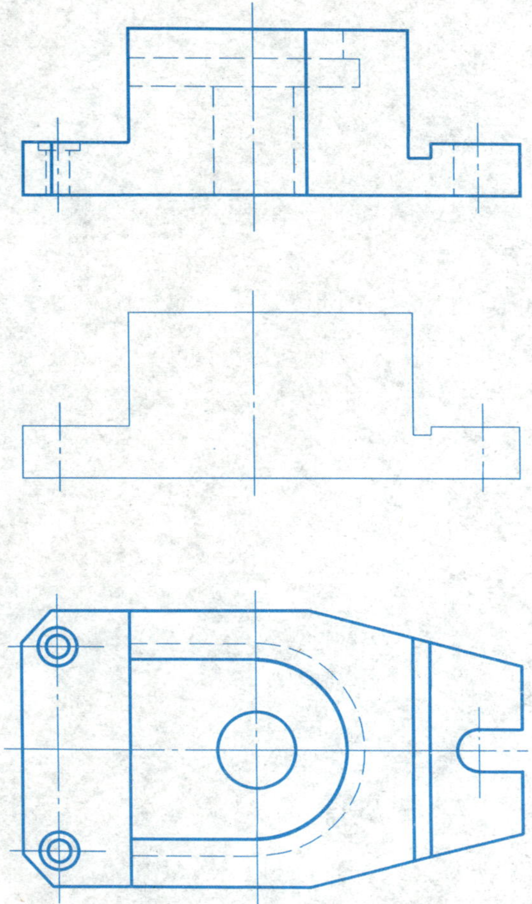

2.

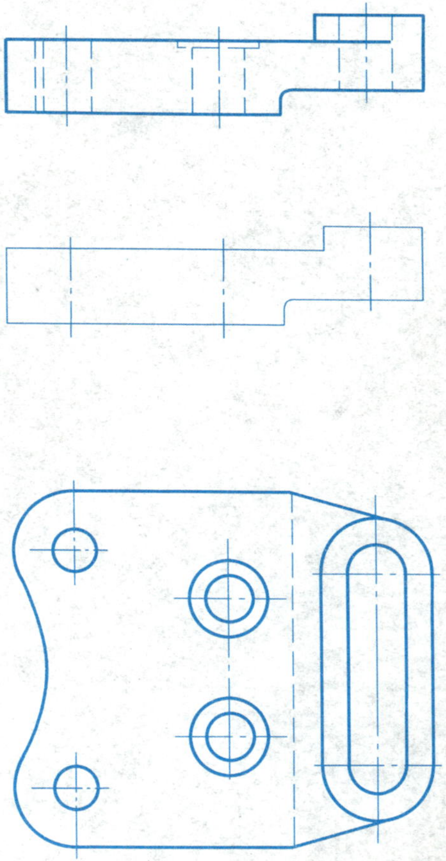

5-15 在指定位置将主视图画成全剖视图(七)

1.

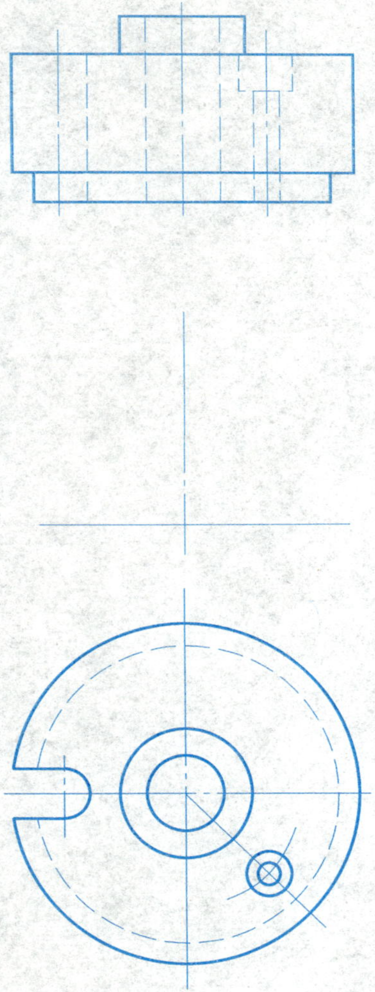

2.

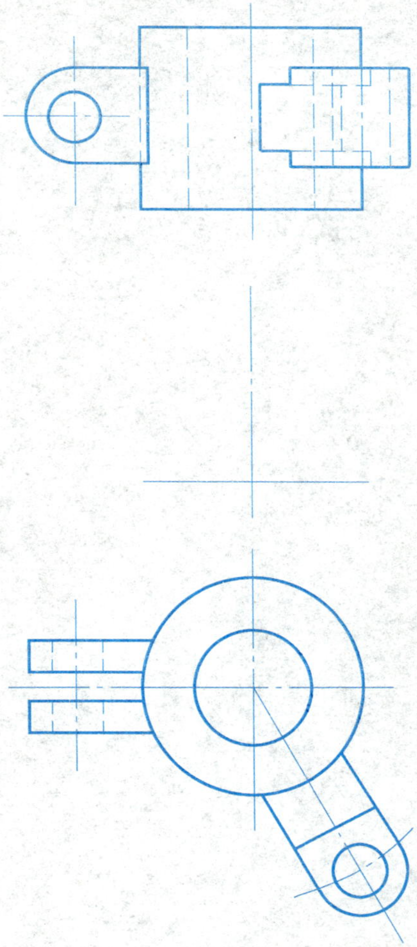

5-16　根据所给视图，画出 A－A 方向的全剖视图

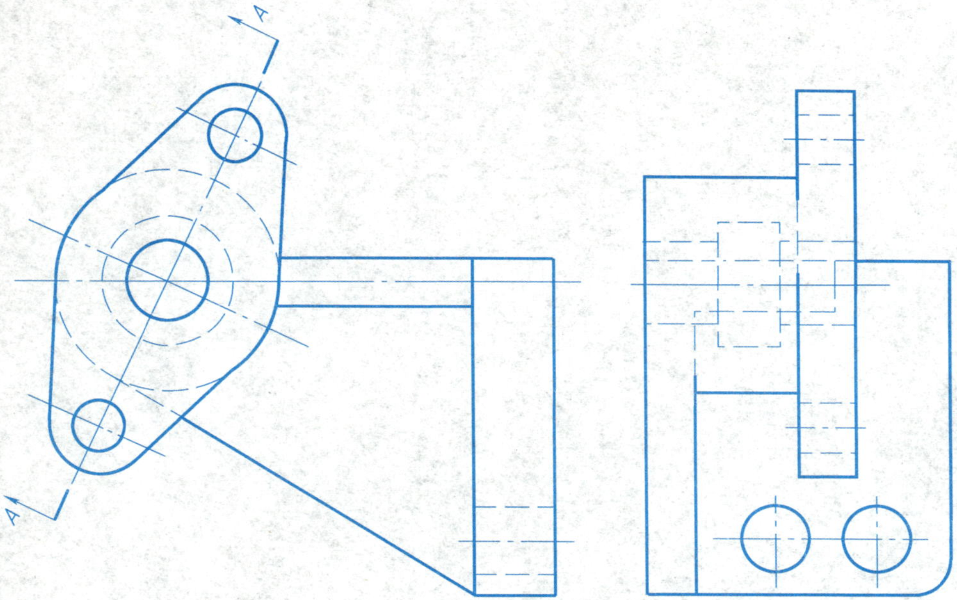

5-17 根据所给视图,画出 A－A、B－B 方向的全剖视图

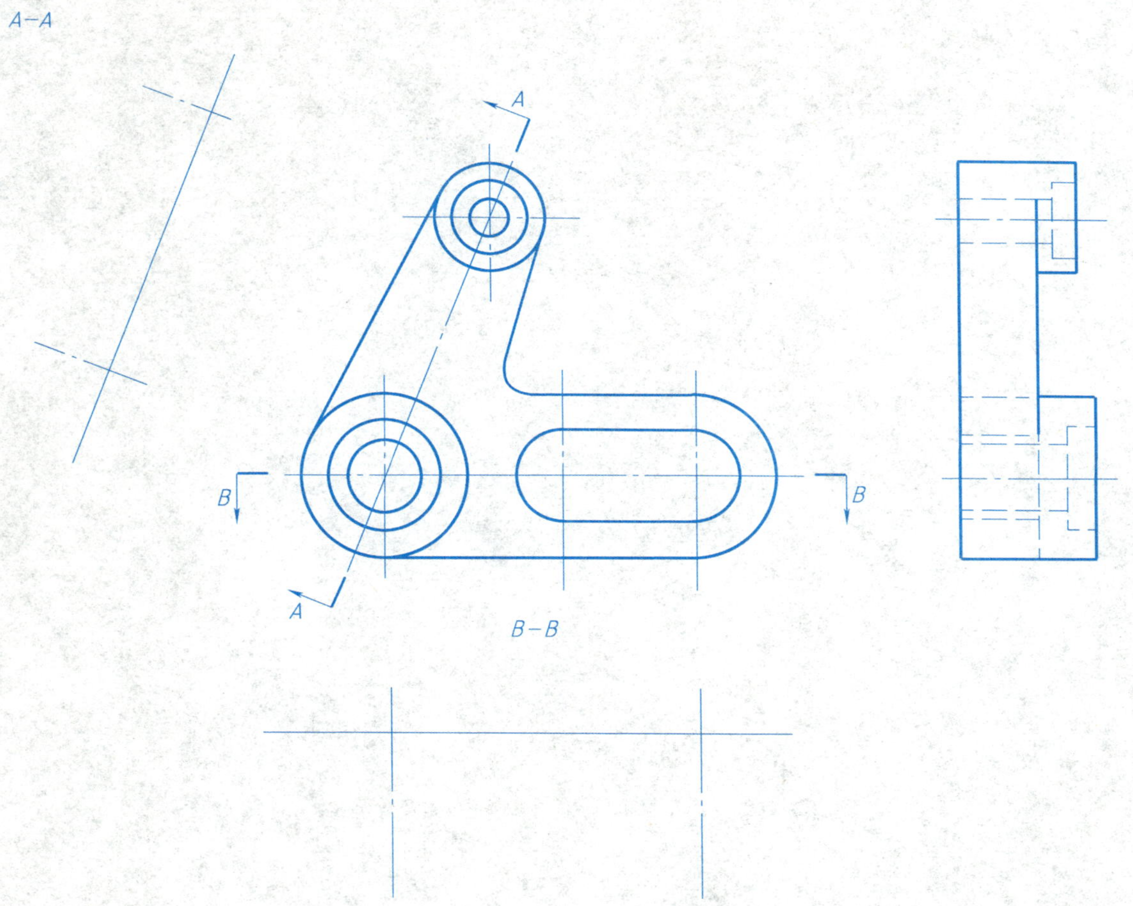

5-18 根据所给视图在指定位置将主视图画成半剖视图(一)

1.

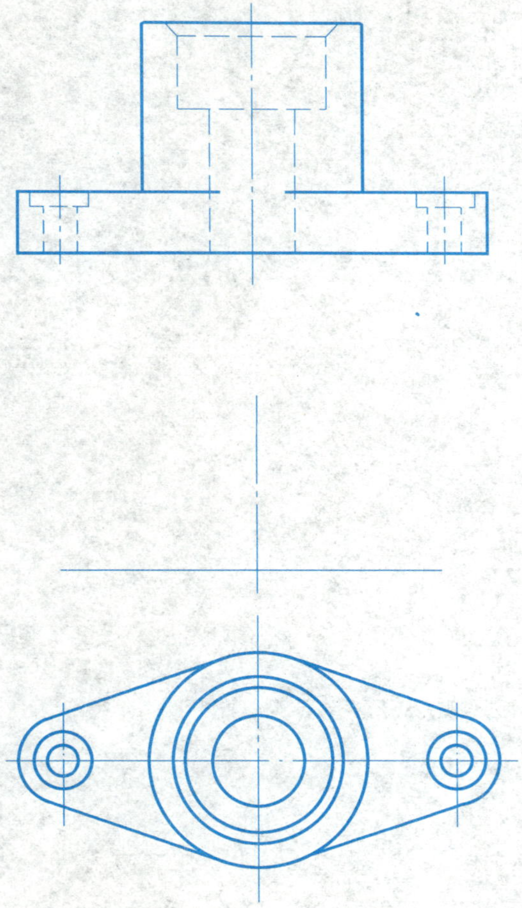

2.

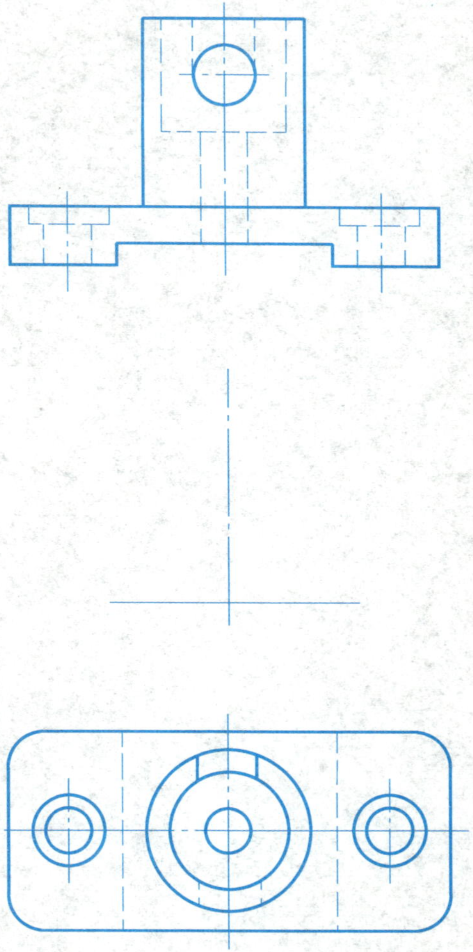

5-19 根据所给视图在指定位置将主视图画成半剖视图(二)

1.

2.

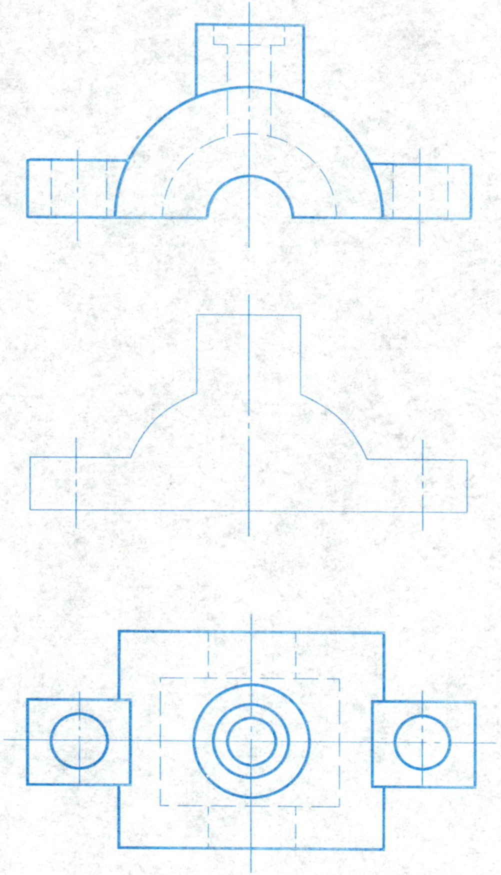

3.

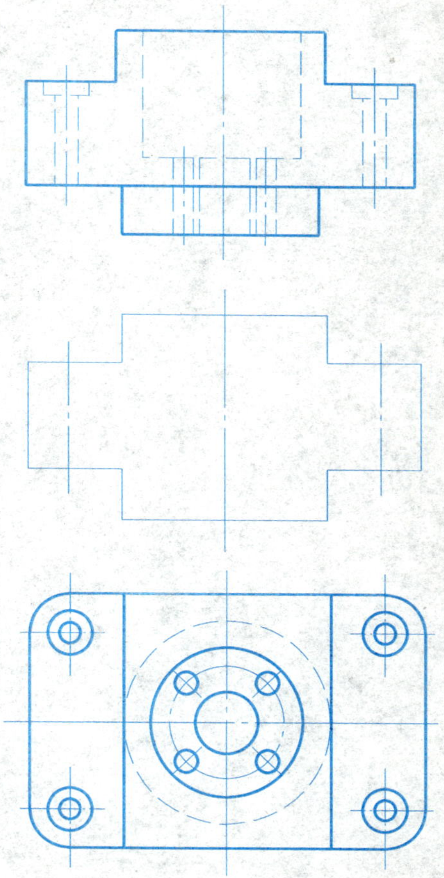

5-20　根据所给视图在指定位置将主视图画成半剖视图，并补画左视图(半剖视图或全剖视图)

1.

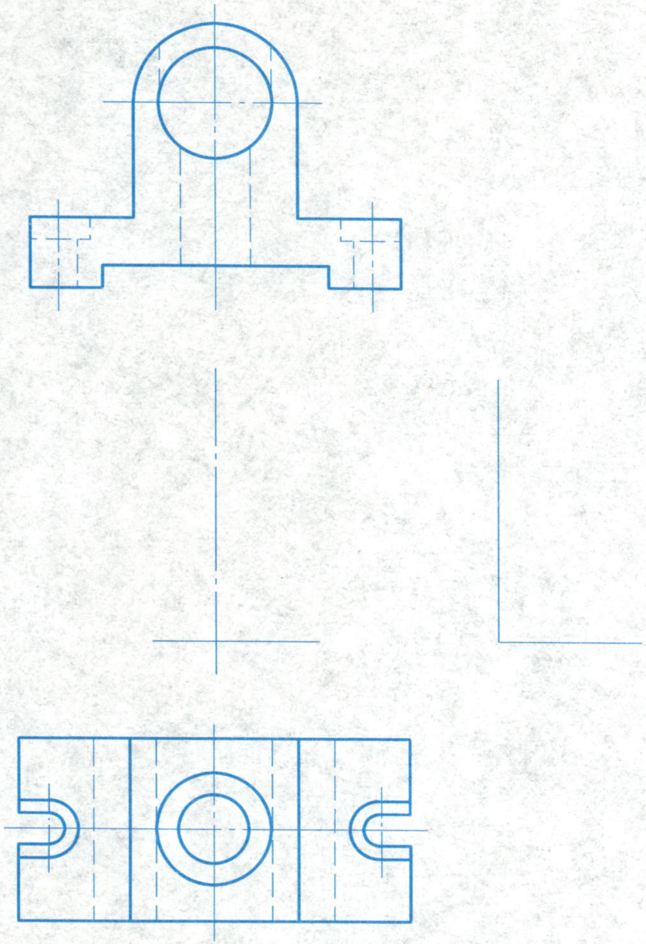

2.

5-21 根据所给视图在指定位置将主视图画成半剖视图，并补画半剖视或全剖视的左视图

1.

2.

5-22 在指定位置画半剖左视图

1.

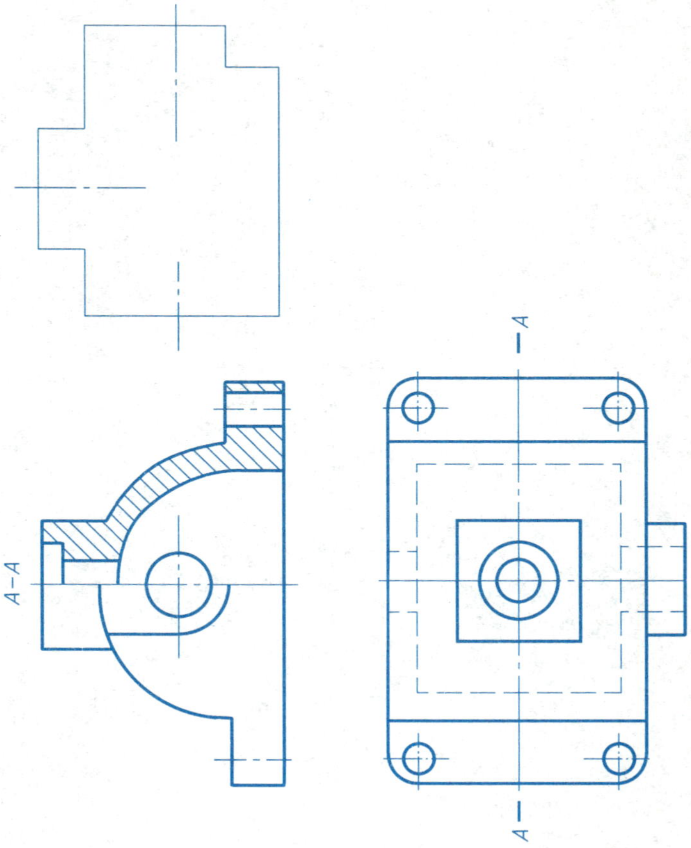

2.

5-23 在指定位置将视图画成局部剖视图

1.

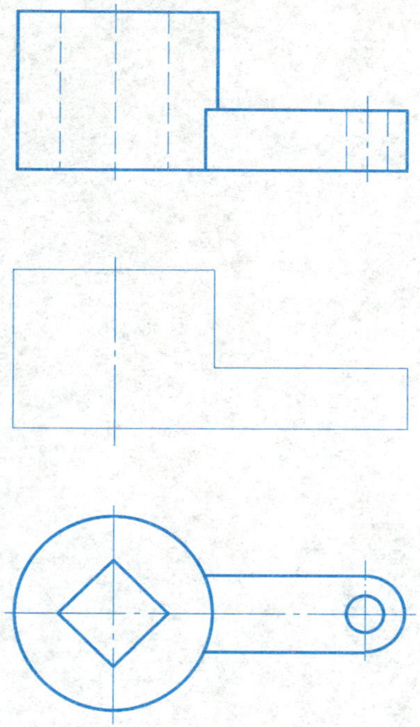

2.

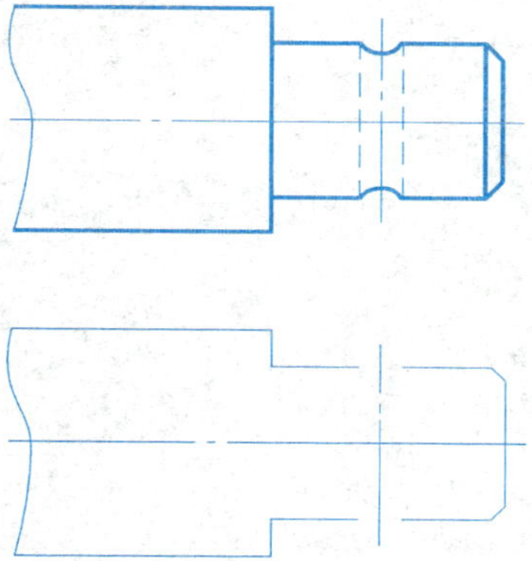

3.

5-24 选择正确的局部剖视图

1.

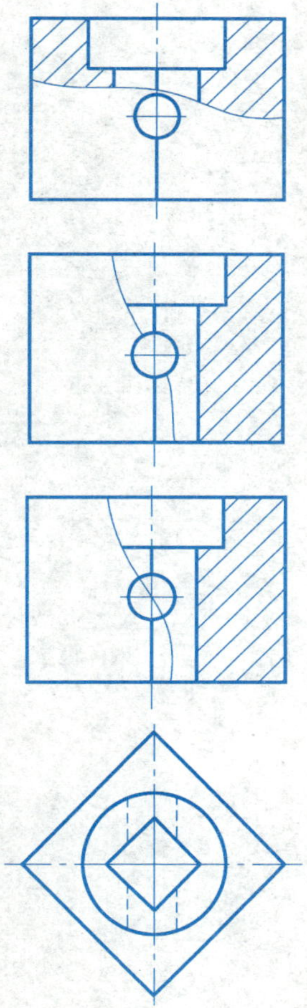

(　)

(　)

(　)

2.

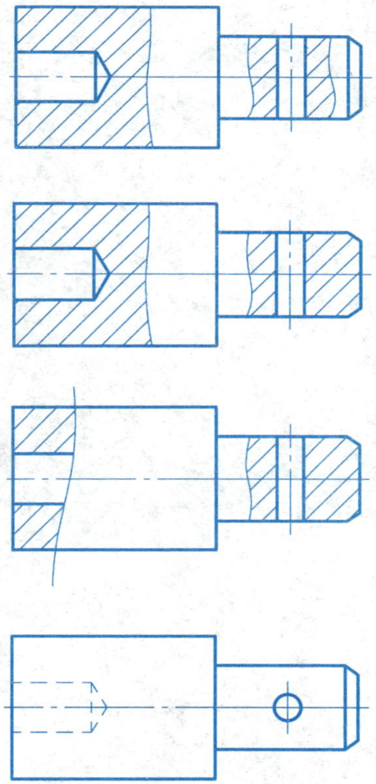

(　)

(　)

(　)

3.

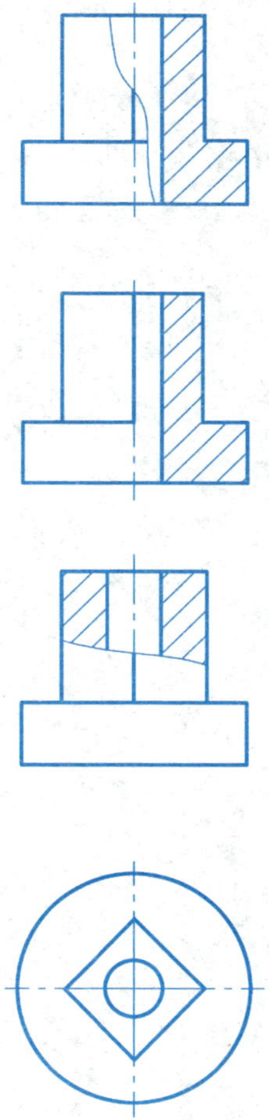

(　)

(　)

(　)

5-25 根据所给视图，在指定位置将主视图和俯视图画成局部剖视图(一)

1.

2.

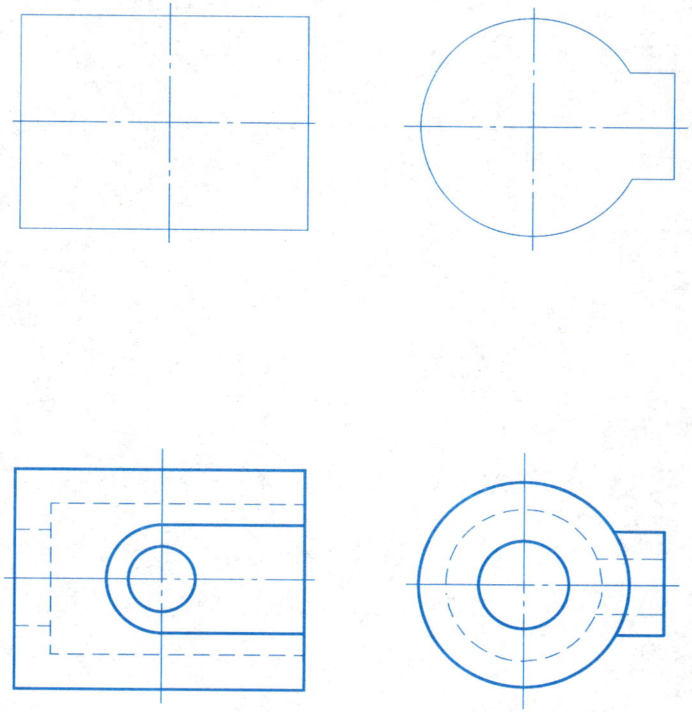

5-26 根据所给视图，在指定位置将主视图和俯视图画成局部剖视图(二)

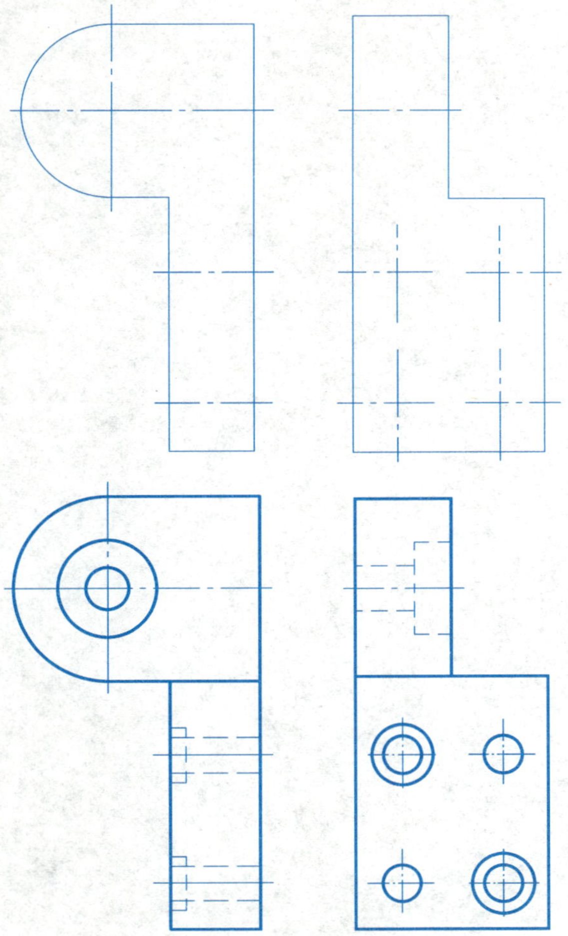

1.

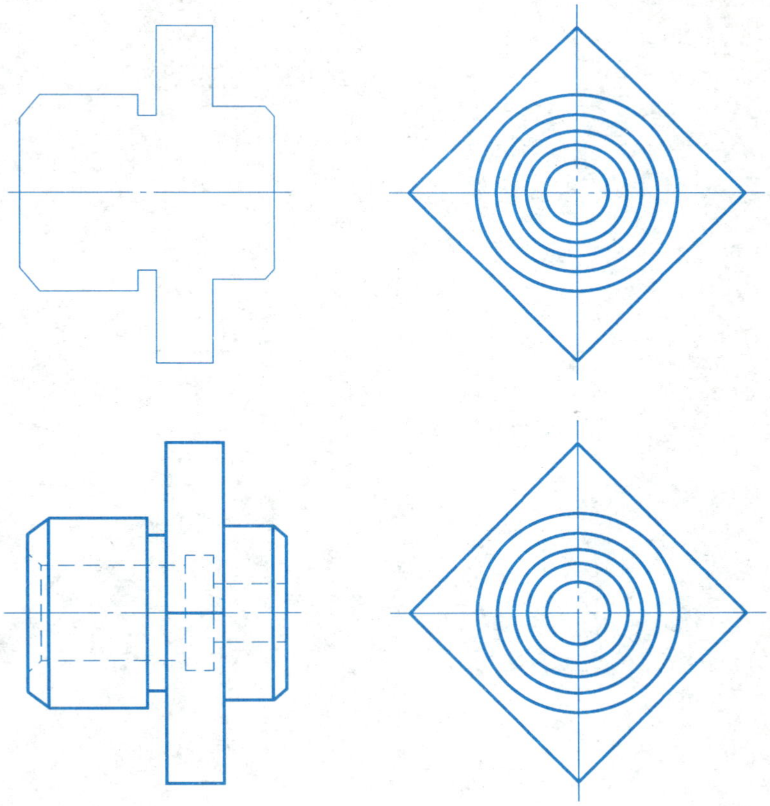

2.

5-27　根据所给视图，在指定位置将主视图和俯视图画成局部剖视图(三)

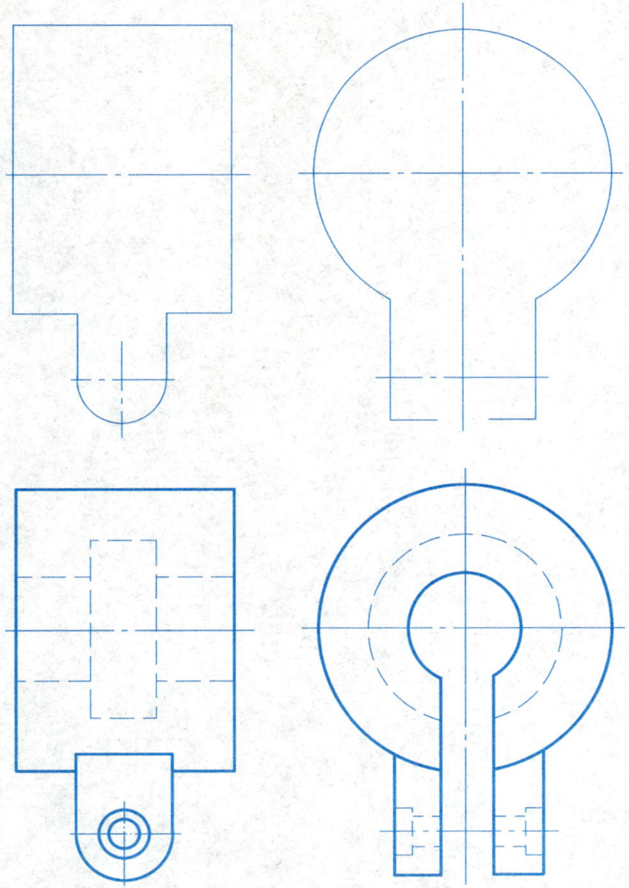

1.

2.

5-28 在剖视图中标注尺寸(尺寸从图中按比例 1：1 量取整数)

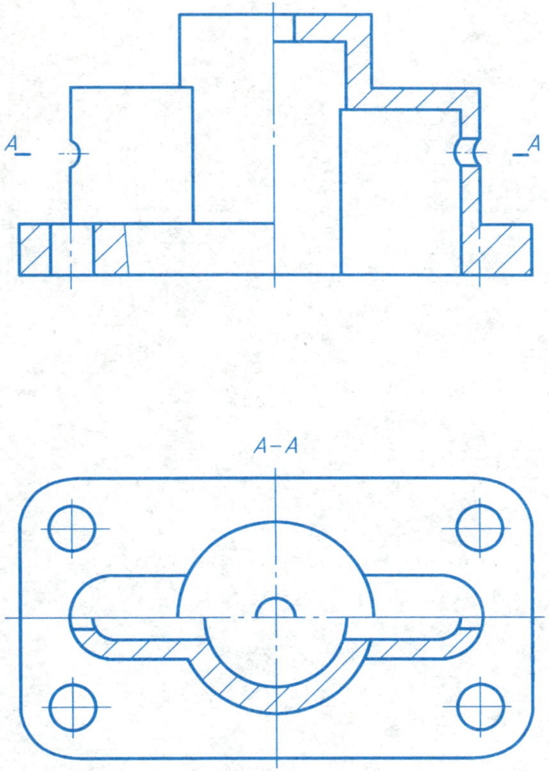

三、断面图

5-29 选择正确的断面图，在(　)内画"√"

1.

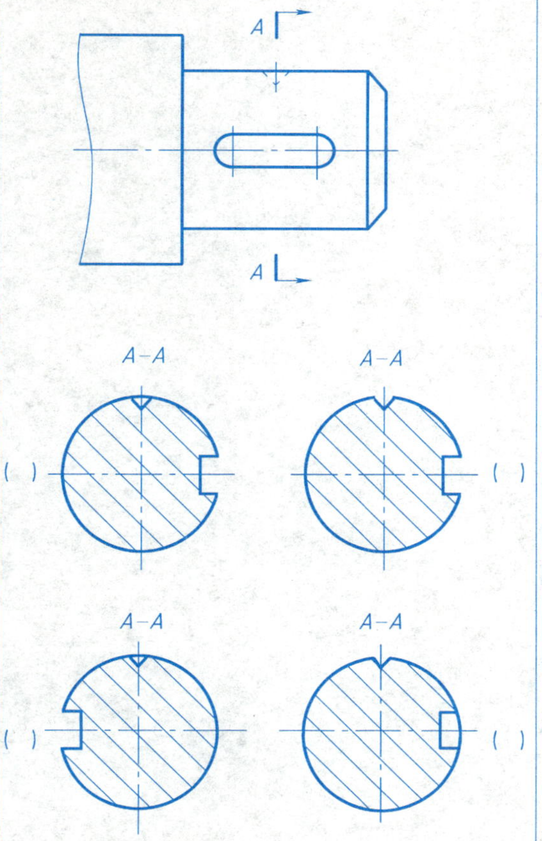

2.

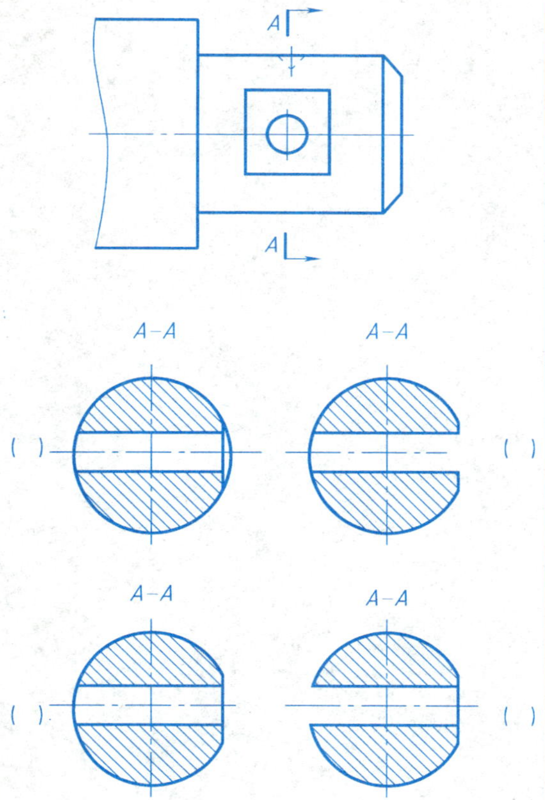

3.

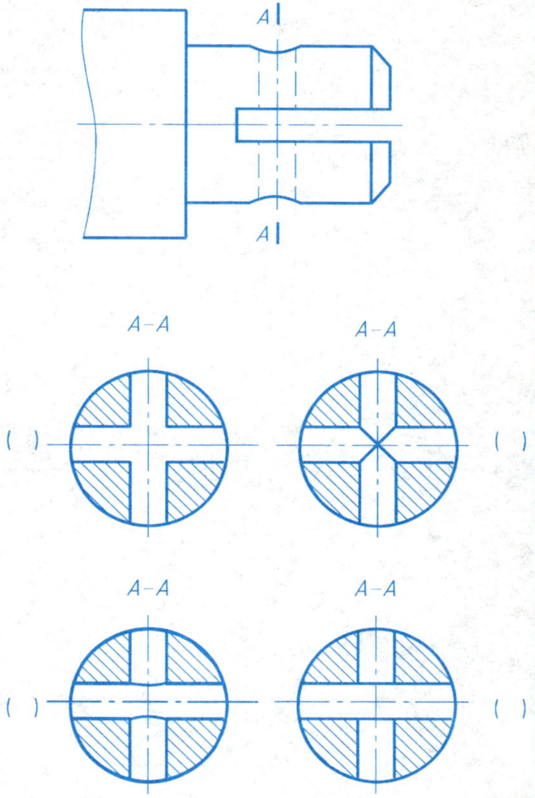

班级　　　　姓名　　　　学号

5-30 按剖切位置画出断面图，并标出名称

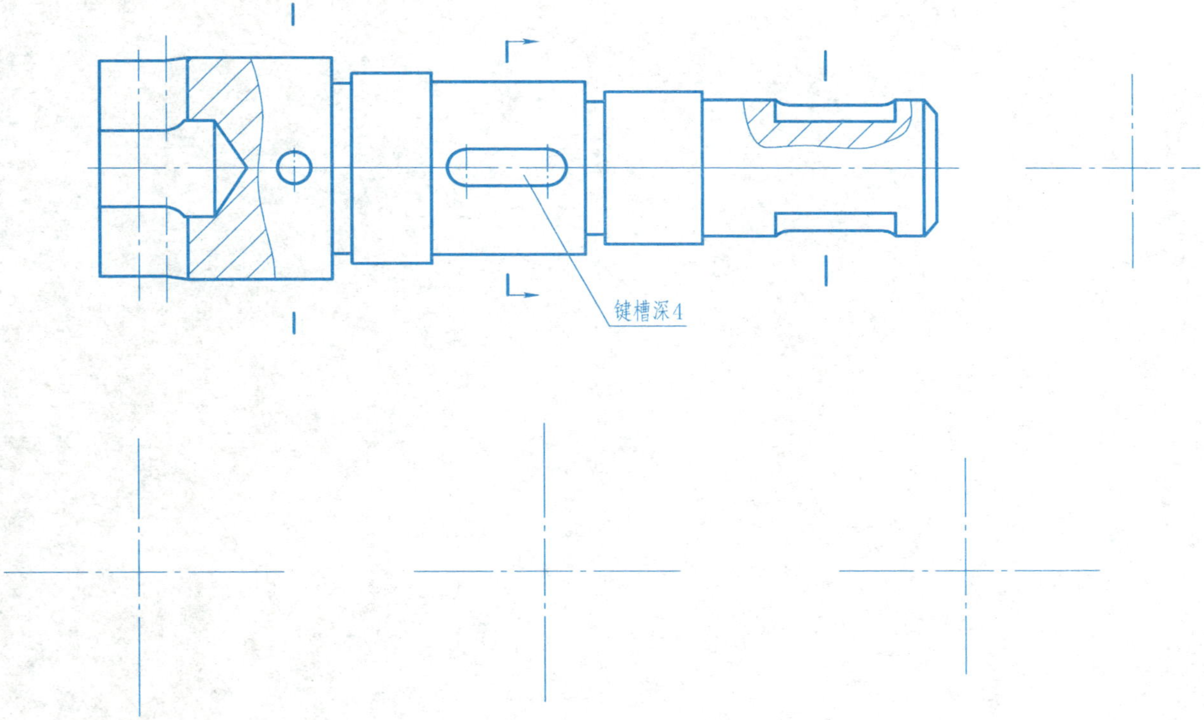

1. 画出 $A-A$ 移出断面图。

2. 在指定位置画出移出断面图。

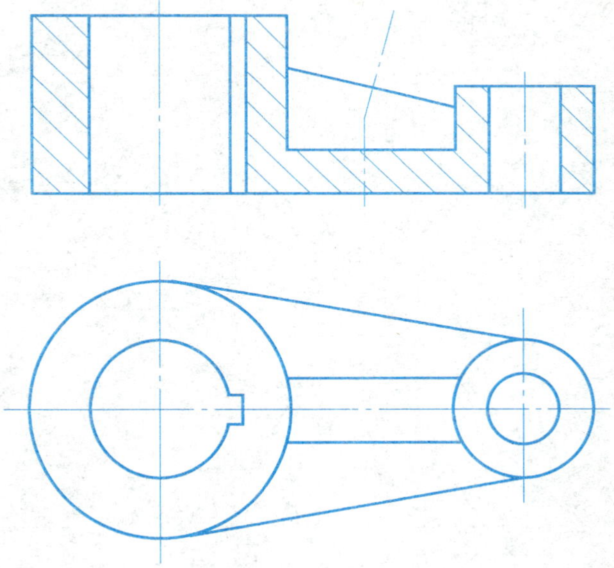

物体的表达方法练习

(一)作业目的

1. 训练选择物体表达方法的基本能力。

2. 进一步理解剖视的概念,掌握剖视的画法。

3. 训练徒手绘制草图的能力。

(二)内容及要求

1. 根据立体图或视图,选择合适的表达方法并标注尺寸。

2. 比例、图幅自定,用铅笔加深图线。

(三)注意事项

1. 应用形体分析法及线面分析法,看清物体的形状结构。首先考虑把主要结构表达清楚,对于没有表达清楚的结构可以采用辅助视图、剖视图等给予解决。可以考虑多种表达方案进行比较,从中确定最佳方案。

2. 剖视图应直接画出,而不是先画出视图再改成剖视图。

3. 要注意剖视的标注。分清哪些剖切位置和名称需要标注,哪些可以不标注。

4. 要注意局部剖视图中波浪线的画法。

5. 要注意剖视图中剖面线的间距和方向。

6. 标注尺寸要做到不重复、不缺漏。

(四)练习题目

见图 1～图 3,根据立体图选择合适的表达方法(徒手、目测尺寸绘制草图)。

注:物体上的孔或槽均为通孔或通槽,通孔、通槽不标尺寸。

图 1

图 2

图 3

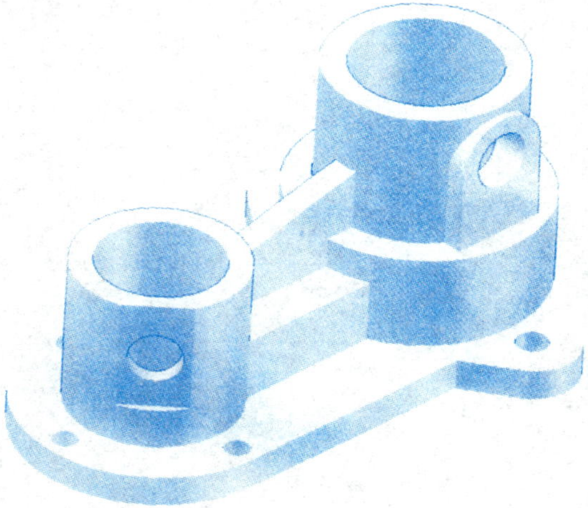

根据所给视图，选择合适的表达方法并标注尺寸，比例、图幅自定，用铅笔加深图线。

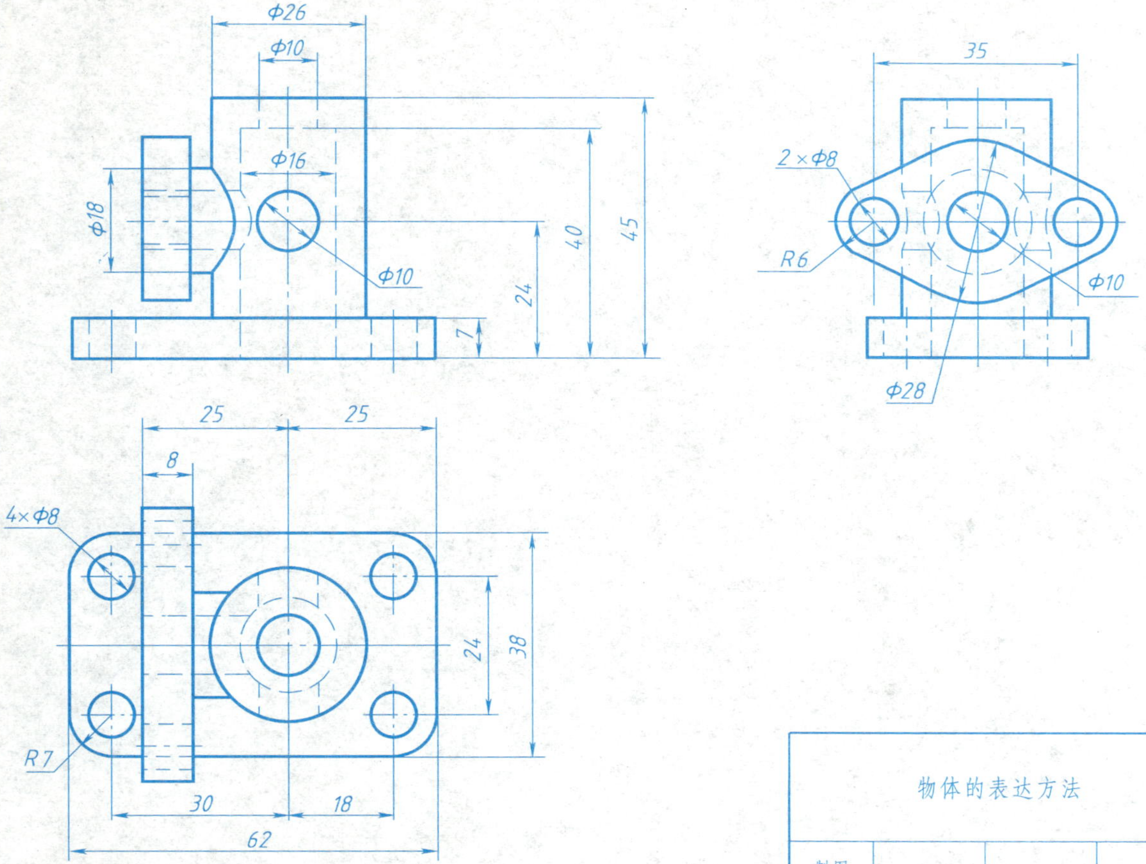

物体的表达方法			比例	材料	图号
制图				数量	
设计				共 张	第 张

根据所给视图，选择合适的表达方法并标注尺寸，比例、图幅自定，用铅笔加深图线。

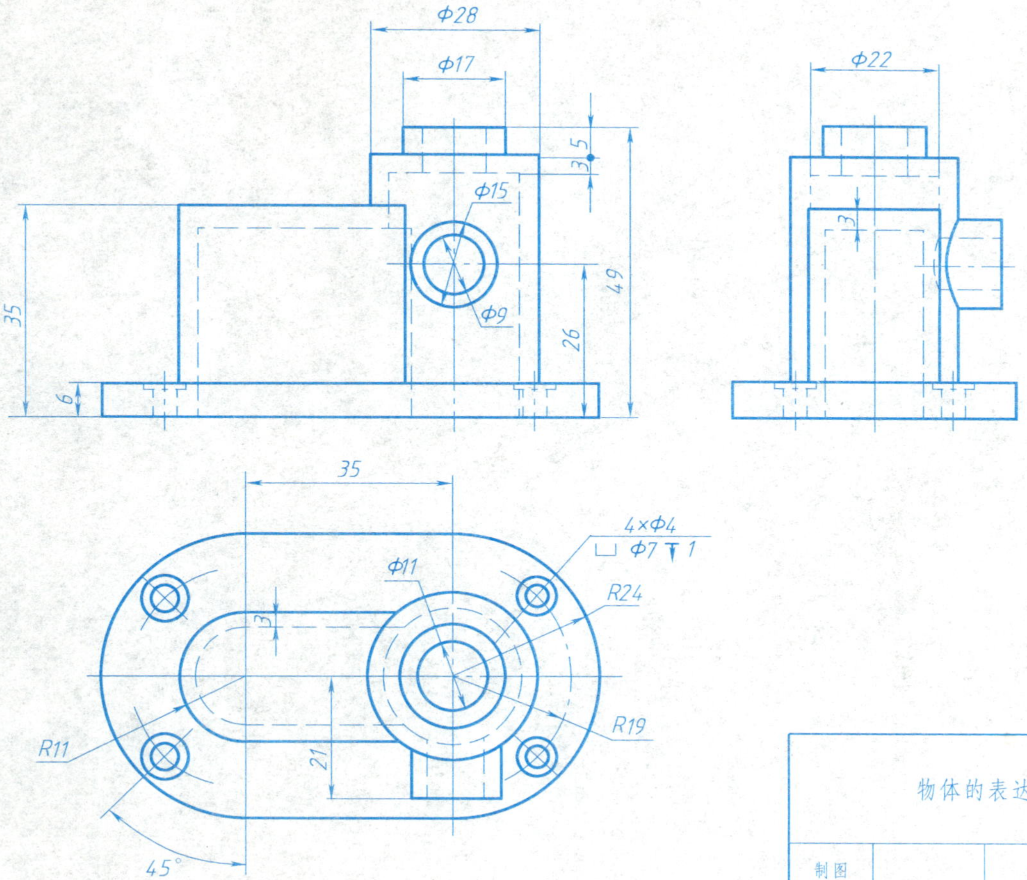

物体的表达方法				比例	材料	图号
制图					数量	
设计					共 张	第 张

第六单元　螺纹、齿轮及常用的标准件

一、螺纹及螺纹紧固件

6-1　圈出下列螺纹画法中的错误，将正确的图形画在指定位置

1.

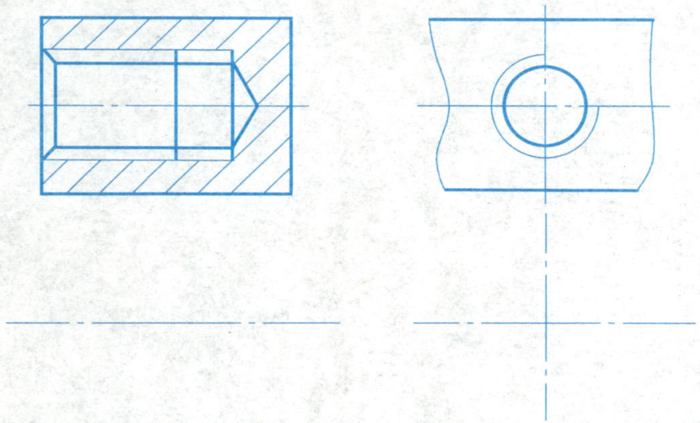

2.

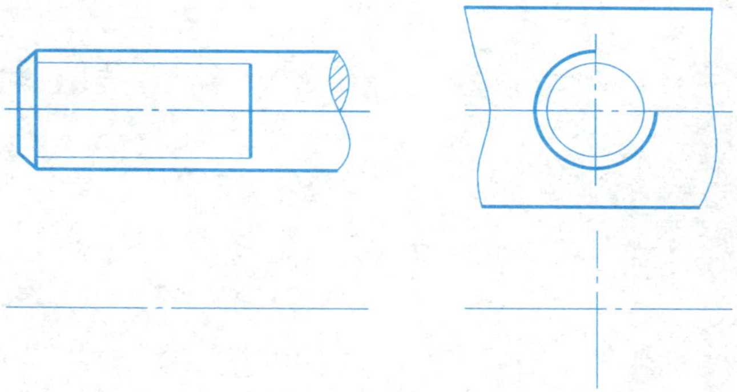

3.

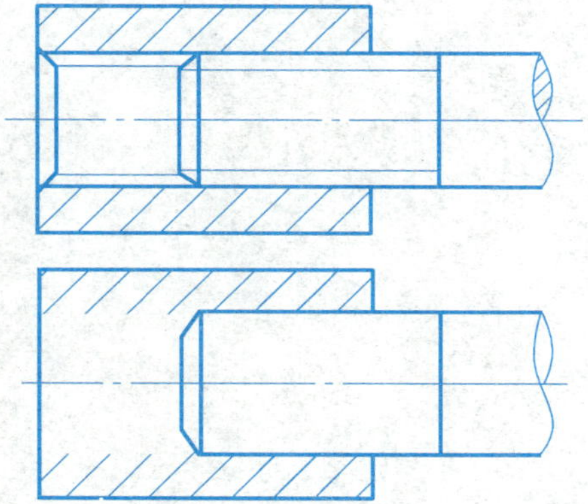

4.

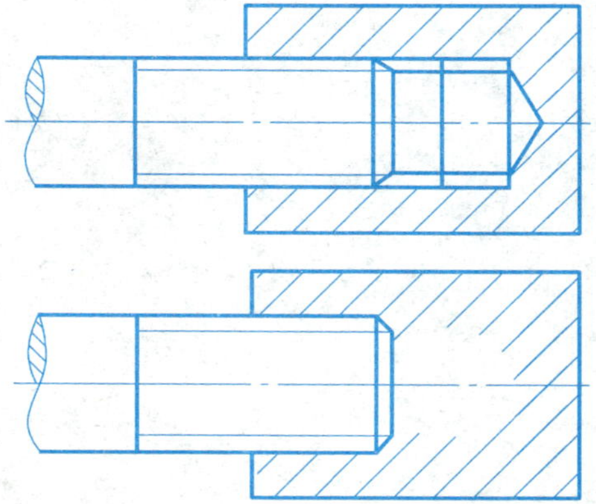

6-2 根据螺纹标记，查找教材中附表，填写下面列表内容

内容 标记	螺纹种类	内外螺纹	大径	小径	导程	螺距	旋向	公差带		旋合长度
								中径	顶径	
M20	粗牙普通螺纹	外	20	17.294	2.5	2.5	右	6g	6g	中
M10×1										
M16－6f－LH										
M20×2－5H－L										
M32										
M30－6g7g－L										
M8×1－S－LH										
Tr32×6LH－7e										
R_c 3/4										
G1 1/2										
G1 1/4 LH										
R_p 4										
R1 1/2										

6-3　根据给定的螺纹要素，标注螺纹尺寸

1. 粗牙普通螺纹，大径 30mm，螺距 3.5mm，单线，右旋。中径和大径公差带代号均为 6g，中等旋合长度。

2. 细牙普通螺纹，大径 30mm，螺距 1.5mm，单线，左旋。中径和小径公差带代号均为 5H，短旋合长度。

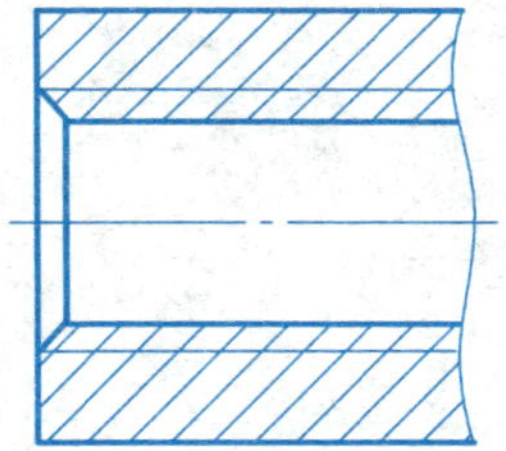

3. 梯形螺纹，大径 32mm，双线，导程 12mm，螺距 6mm，左旋。中径公差带代号 7h，中等旋合长度。

4. 与圆柱内螺纹相配合的圆锥外螺纹，尺寸代号为 3/4，左旋。

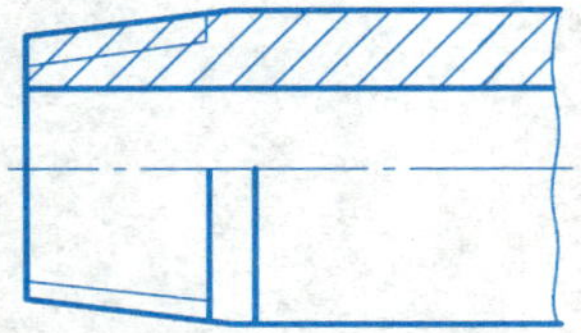

5. 非密封管螺纹，尺寸代号为 1/2，公差等级是 A 级，右旋。

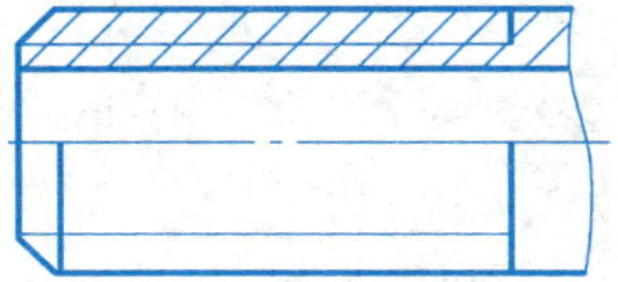

6. 密封圆锥内螺纹，尺寸代号为 3/4，右旋。

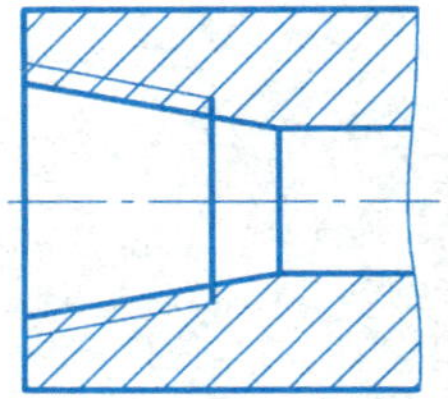

6-4 用简化画法完成下列螺纹紧固件连接图

(1)螺栓连接。

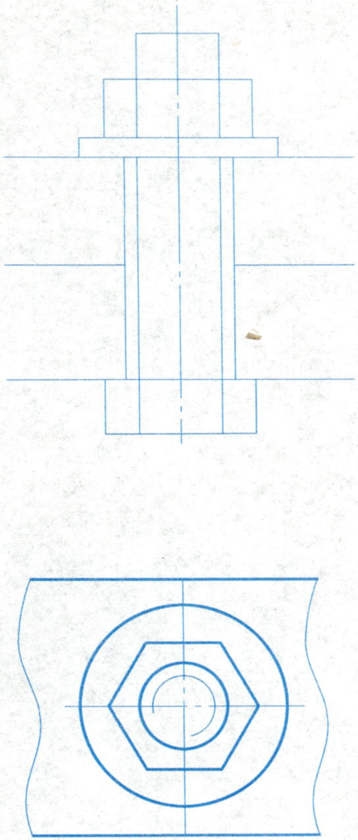

(2)螺柱连接。

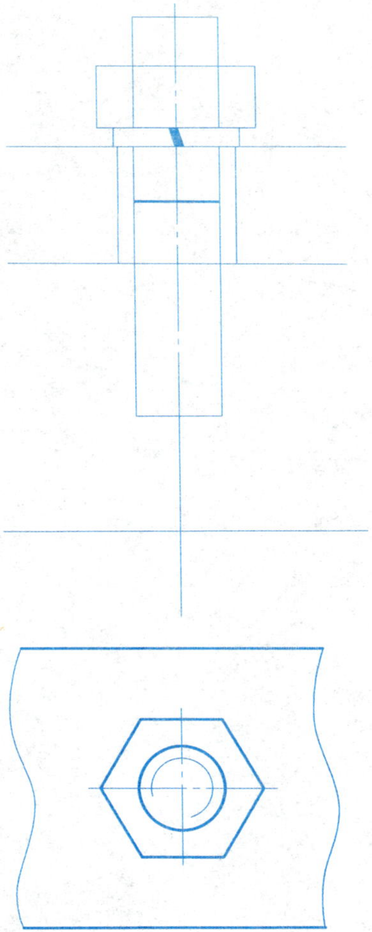

(3)螺钉连接。

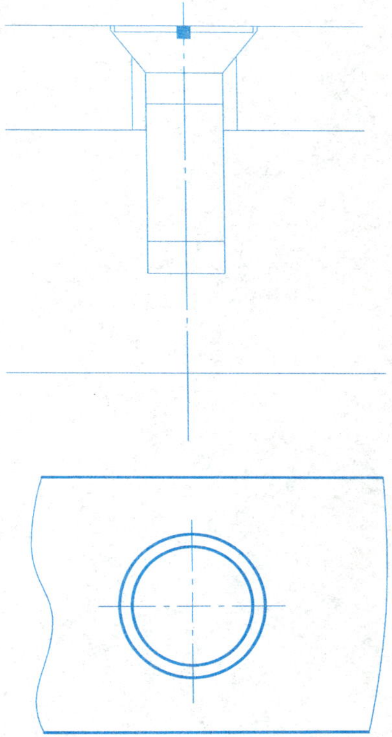

螺栓连接

(一)作业目的

巩固螺纹紧固件的有关知识,掌握螺栓连接的"简化画法"。

(二)内容及要求

1. 根据已知条件,选择合适的螺栓、螺母和平垫圈,用"简化画法"画出螺栓连接的三视图(主视图画成全剖视图)。

2. 根据所给尺寸选择图纸幅面,尽量采用 1∶1 的比例。

3. 标注必要的尺寸。

(三)注意事项

1. 熟悉螺栓连接的使用场合及与零件之间的装配连接关系。

2. 螺栓的公称长度需要计算后查常用标准件表,取标准值。

3. 螺栓连接图是简单的装配图,因此必须遵守画装配图的有关规定。

(1)两零件接触面应只画一条线。非接触表面,即使间隙再小也要画两条线,可以采用夸大画法。

(2)相邻零件的剖面线倾斜方向相反或方向一致,但间隔要不同。同一个零件的剖面线,在不同的各个视图中方向和间隔应一致。

(3)对于标准件和实心件,当剖切平面通过它们的轴线时,按不剖处理。

(4)注意俯视图和左视图之间的对应关系。

(四)图例

已知螺栓 M20、螺母 M20,垫圈 20。

被连接件厚 $t_1=20\text{mm}$,$t_2=30\text{mm}$。

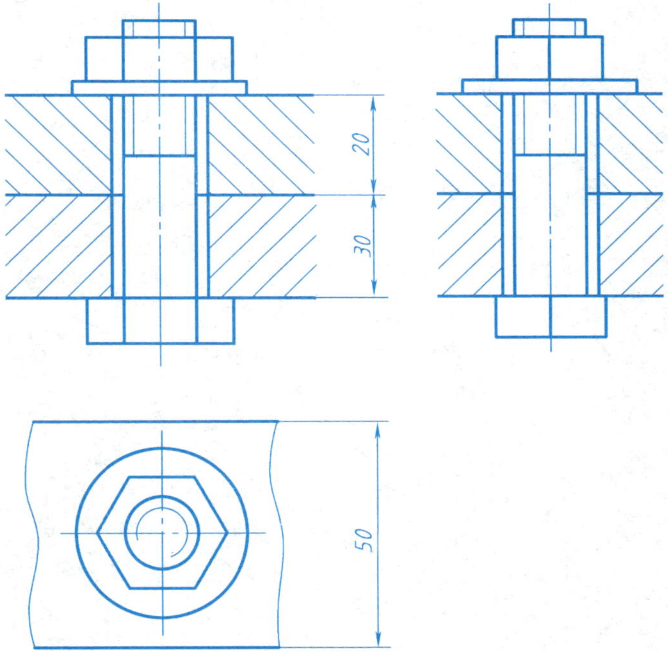

螺栓连接				比例	数量	材料
制图		日期				
校核		日期				

二、齿轮

6-6　将直齿圆柱齿轮补画完整并标注尺寸(比例 1∶1,轮齿部分根据计算确定,其他尺寸由图中量取整数;齿端部倒角 C2)

模数 m	2.5
齿数 z	30
压力角 α	20°

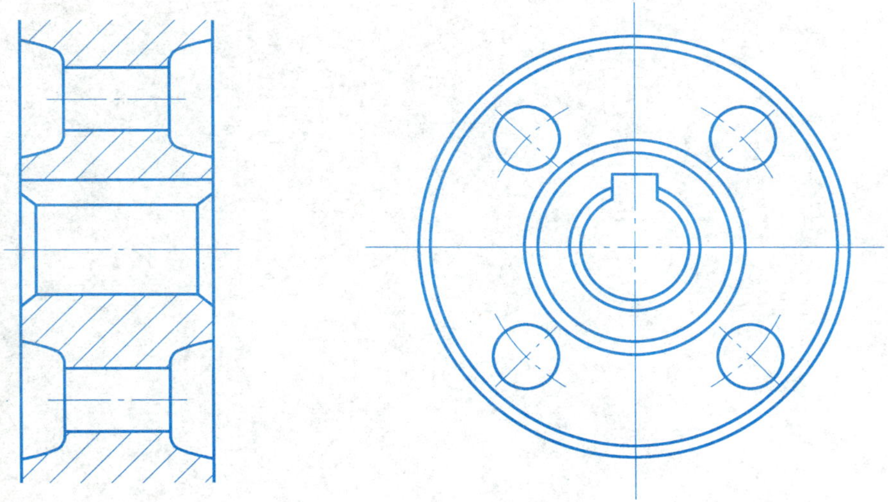

直齿圆柱齿轮				比例	数量	材料
制图		日期				
校核		日期				

6-7 将两直齿圆柱齿轮啮合图补画完整

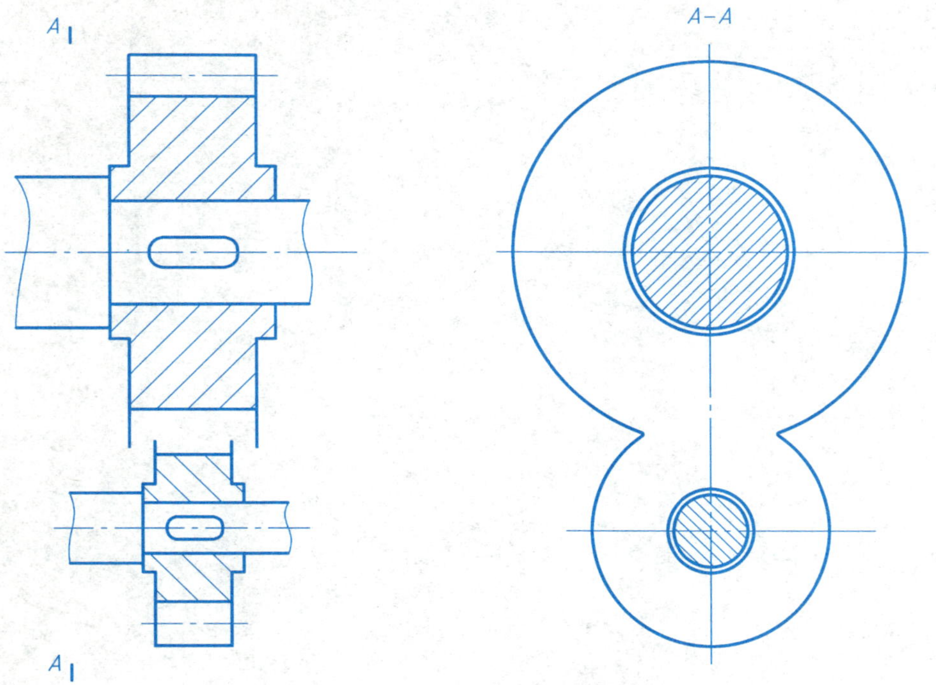

直齿圆柱齿轮测绘

(一)作业目的

了解齿轮测绘的一般方法,掌握齿轮的规定画法及简单计算。

(二)内容及要求

根据实物或立体图测绘直齿轮,计算齿轮参数及各基本尺寸,并测绘出齿轮的各部分尺寸,画出草图,最后用合适的图纸幅面画出齿轮零件图。

(三)测绘步骤

1. 分析观察齿轮的结构形状。

2. 数出齿数、测出齿顶圆直径、计算齿轮模数、查表取标准模数值。

3. 计算齿轮各基本尺寸。

4. 画出齿轮草图。

5. 测量其他(如轮毂等)尺寸。

6. 检查草图,绘制齿轮零件图。

(四)注意事项

1. 测绘时应注意排除齿轮上因磨损造成的缺陷。

2. 轮齿上的各个尺寸必须根据计算得出,轮毂上的键槽要从标准中查得尺寸,其他尺寸按实际测得,并取整数。

3. 齿轮模数、齿数和啮合角等应填写在图样右上角的参数表中。

4. 对于有奇数轮辐或辐板上带有奇数孔的,可以采用规定画法。

名称:直齿圆柱齿轮。材料:45 钢。

已知:齿轮齿数 $z=30$,齿轮圆直径 $d_a=160$mm,倒角均为 C1,辐板上均布 4 个孔的中心圆直径为 ϕ80mm。

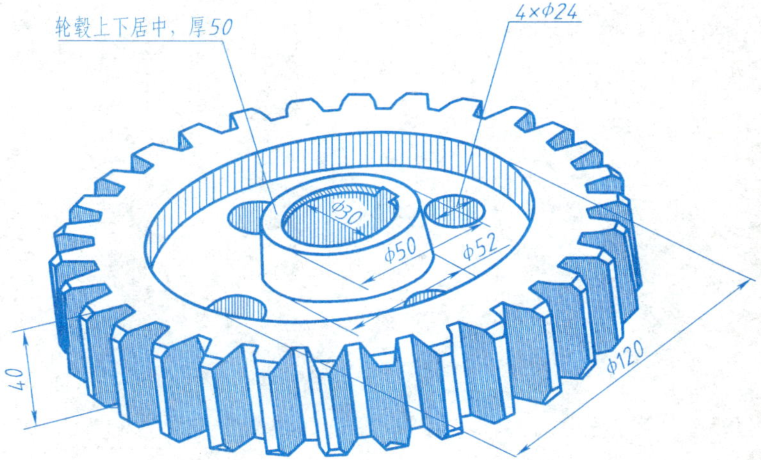

三、其他标准件

6-9 键及键联结

用A型普通平键联结齿轮和轴。已知轴孔直径为20mm，键长为18mm。要求：(1)查表确定轴上键槽的尺寸和齿轮上键槽的尺寸，补画键槽并标注尺寸；(2)用键将轴和齿轮联结起来完成联结图(按比例1∶1完成)。

(1)

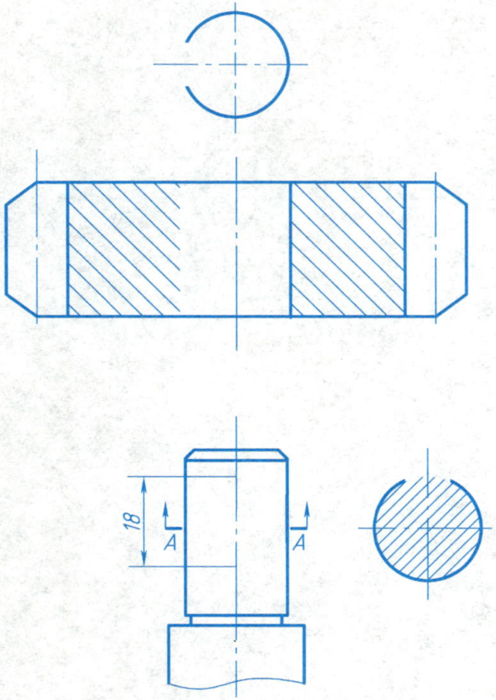

(2)

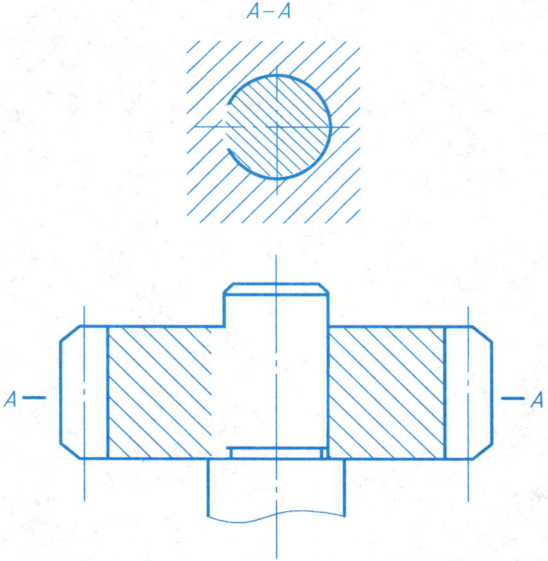

6-10 销及销连接、滚动轴承代号

1. 齿轮与轴用直径为ϕ8mm、长为 35mm 的 A 型圆锥销连接，补画销连接的剖视图。

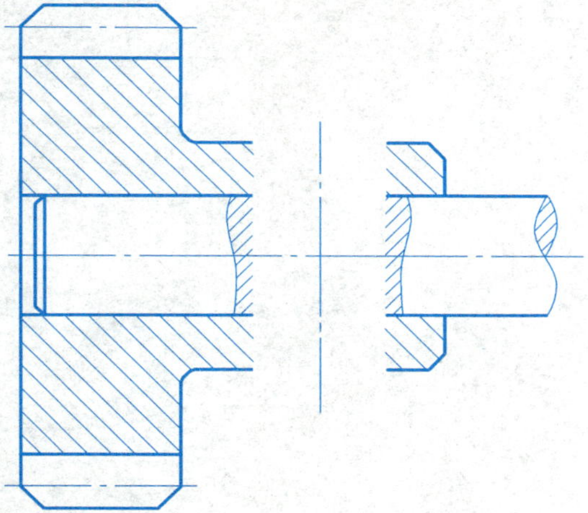

2. 根据滚动轴承的基本代号在教材附表中查出并标注轴承的主要尺寸，说明轴承类型。

(1)6310

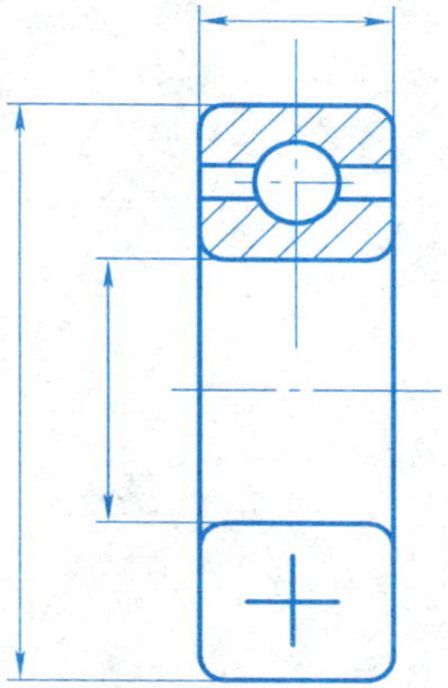

轴承类型：

(2)3221

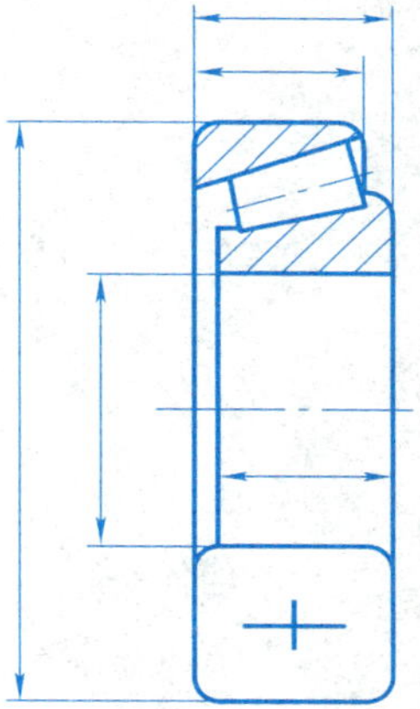

轴承类型：

(3)51305

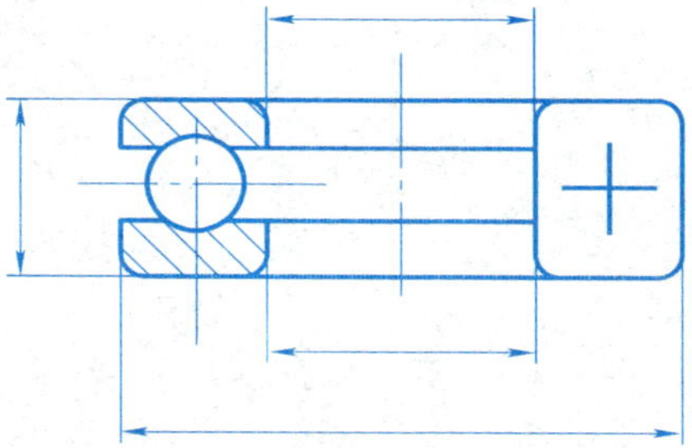

轴承类型：

第七单元　第三角投影

由轴测图完成第三角投影的 6 个基本视图(尺寸由轴测图量取)

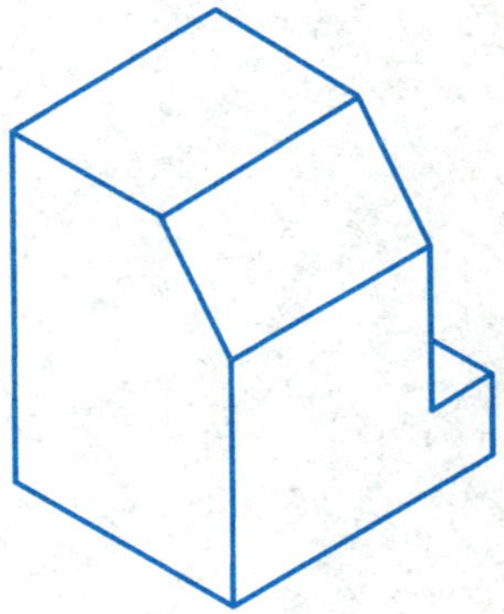

第八单元　零　件　图

一、选择表达方案

8-1　正确选择零件的表达方案，徒手画出零件草图(不注尺寸)

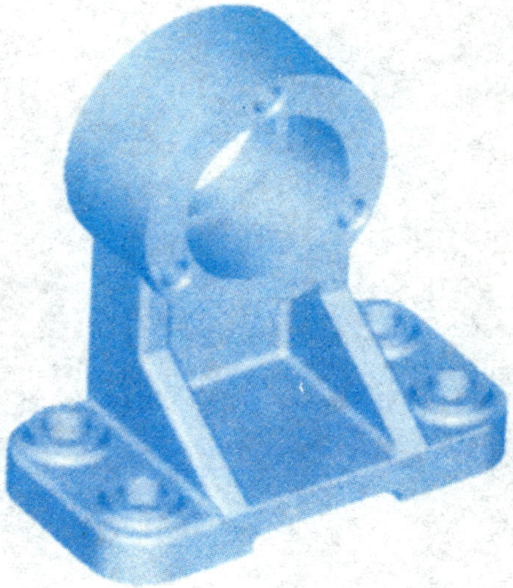

8-2　分析视图，想出零件形状，在左视图的右侧画出主视图外形图（不画虚线）

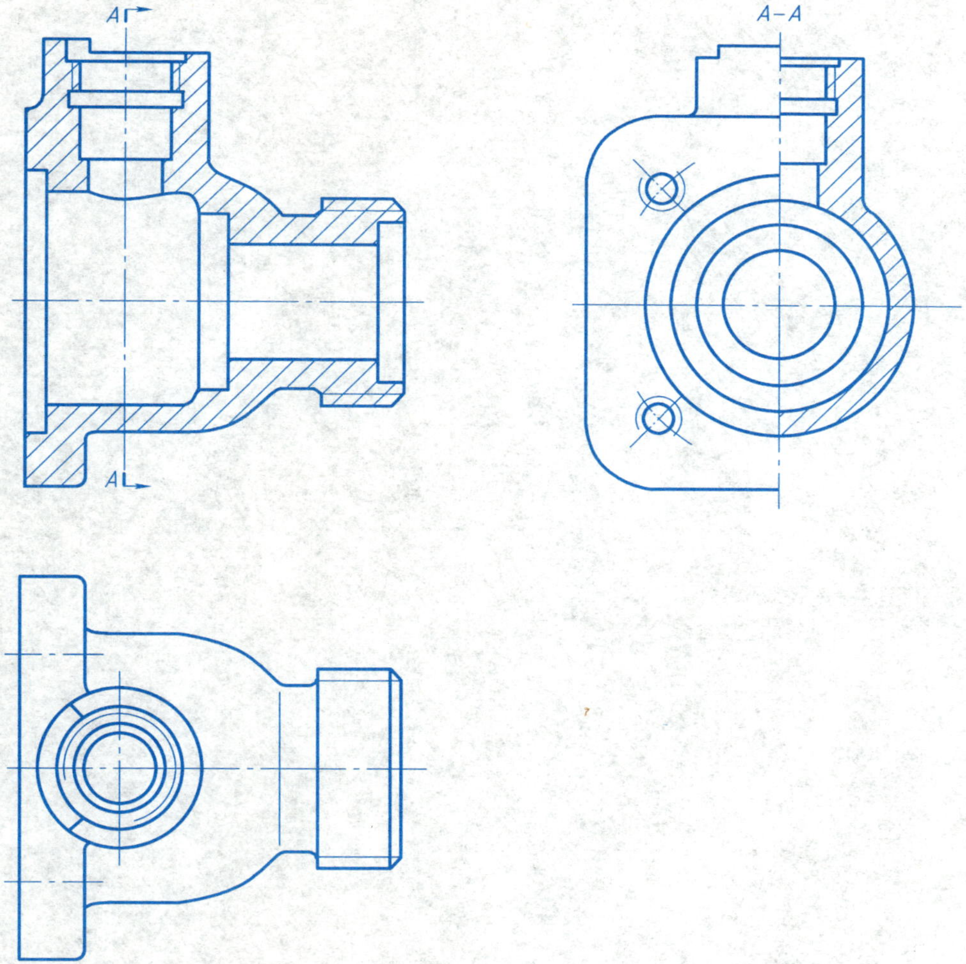

二、选择尺寸基准

8-3　标注输出轴的尺寸(由图中量取整数)

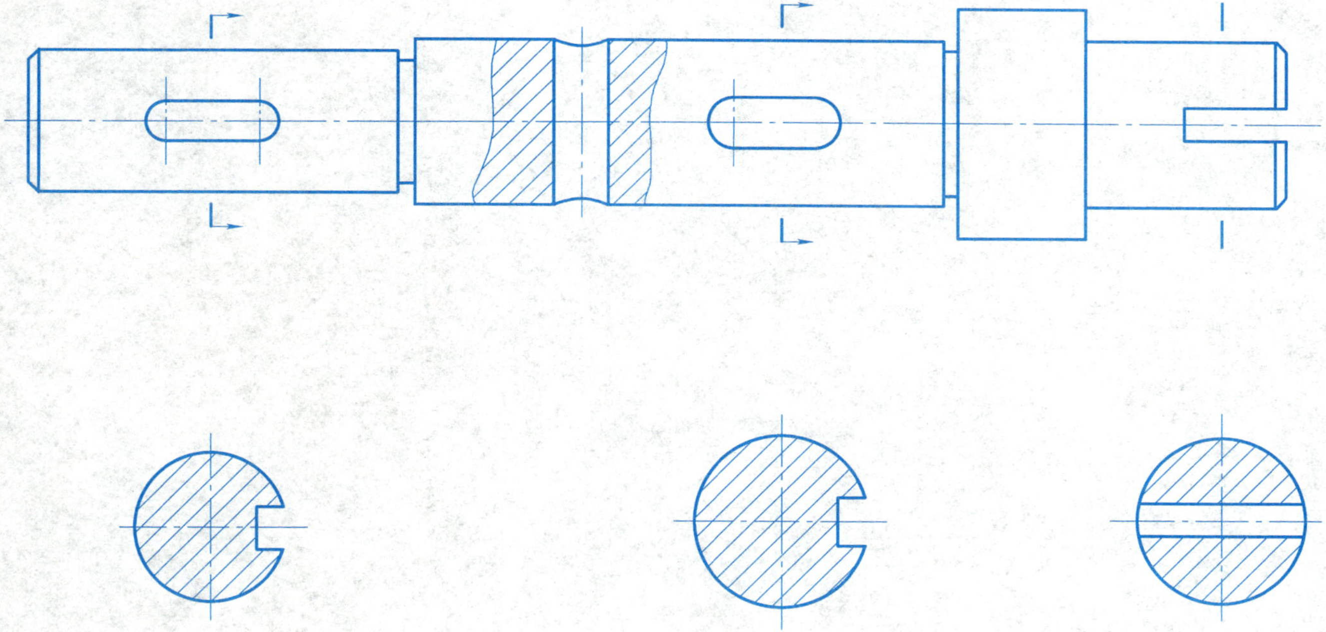

三、技术要求的注写

8-4 表面粗糙度

同时完成两项：(1)标注零件尺寸(从图中量尺寸数值，取整数)；(2)按表中给出的 R_a 数值标注表面粗糙度。

1.

表面	A	B	C	D	其余
R_a	0.8	1.6	3.2	6.3	12.5

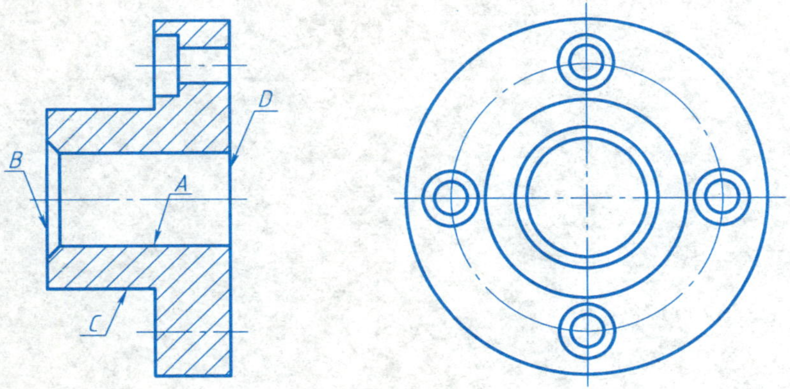

2.

表面	A	B	C	D	其余
R_a	3.2	6.3	6.3	12.5	25

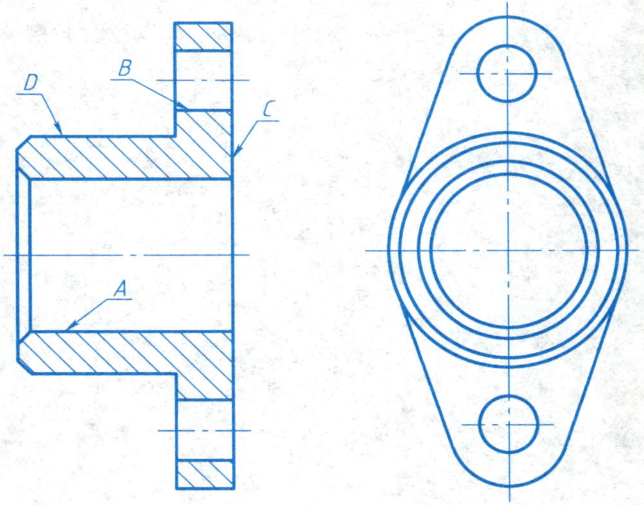

8-5 齿轮、键槽、螺纹表面粗糙度的标注

1. 按指定的表面及表面粗糙度，用代号标注在图上。

(1)轮齿侧表面 R_a 为 0.8μm，

(2)键槽两侧面 R_a 为 3.2μm，

(3)键槽底面 R_a 为 6.3μm，

(4)轴孔表面 R_a 为 3.2μm，

(5)其余表面 R_a 为 12.5μm。

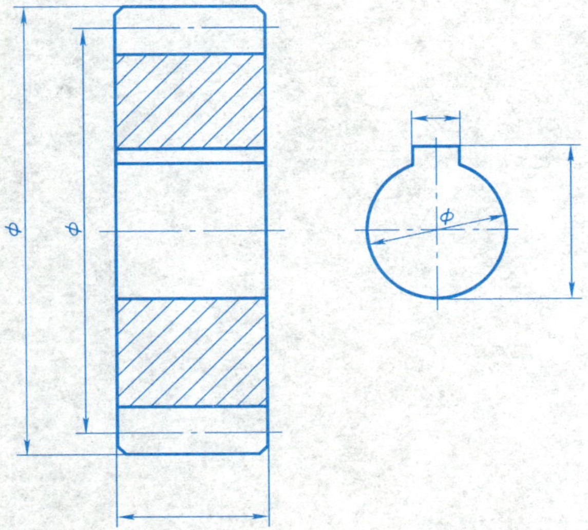

2. 找出表面粗糙度标注的错误，将正确的标注在下图。

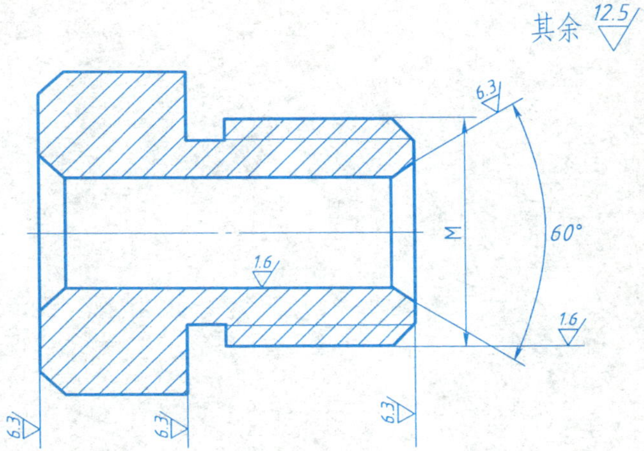

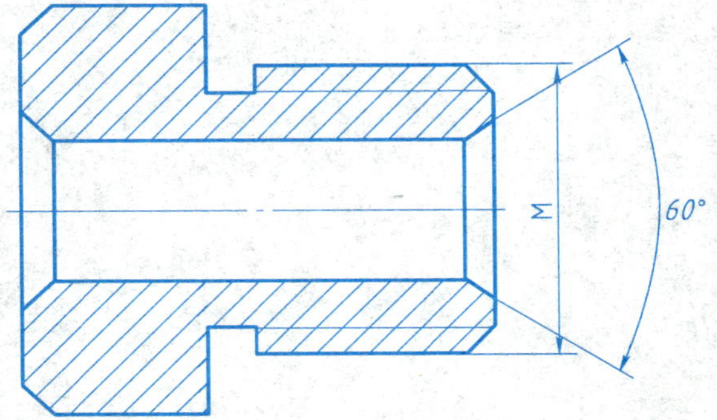

8-6　解释配合代号的含义，并查出极限偏差数值，将代号和极限偏差数值标注在零件图上

(1)轴套对泵体孔(ϕ30H7/g6)：基本尺寸为________，基________制，公差等级分别为________，________配合。

(2)轴套对轴径(ϕ22H6/k5)：基本尺寸为________，基________制，公差等级分别为________，________配合。

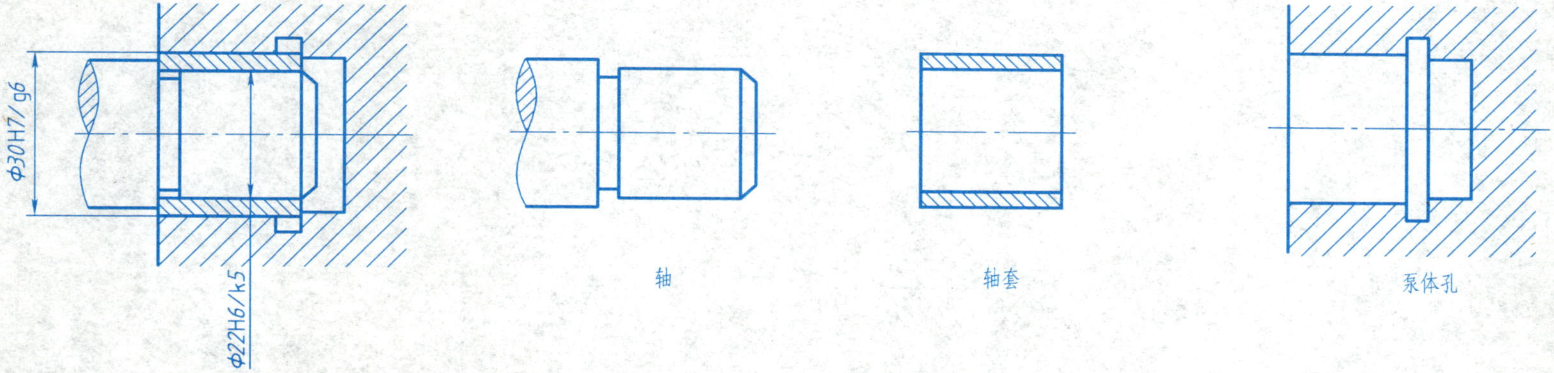

8-7 极限偏差数值和公差带代号的标注

1. 由配合代号查表后注出轴和孔的极限偏差数值。

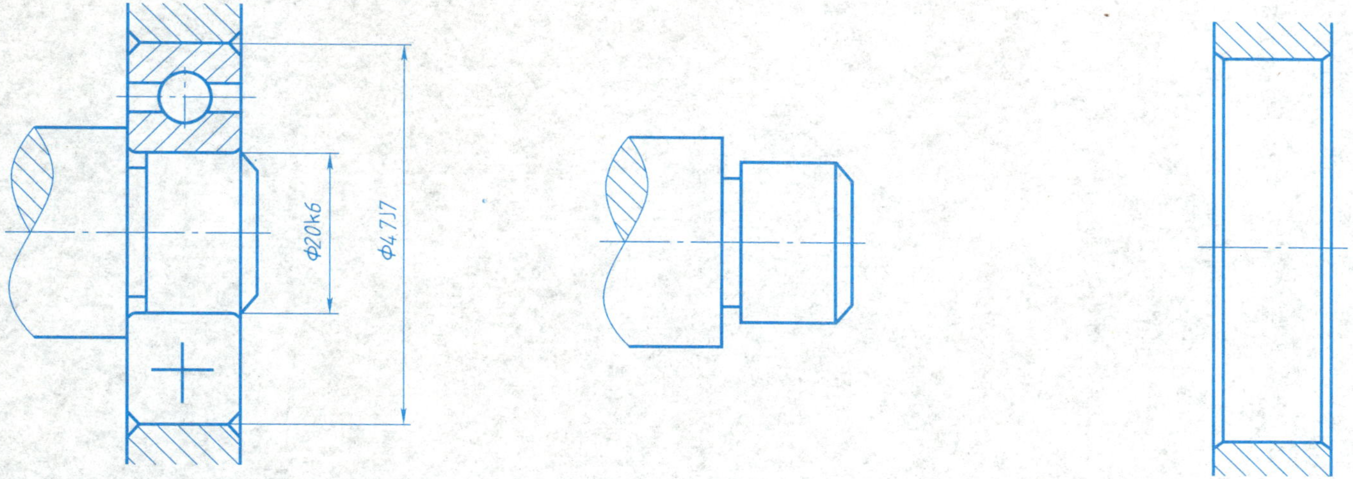

2. 由极限偏差值查表后在装配图上注出公差带代号(基本偏差和公差等级)。

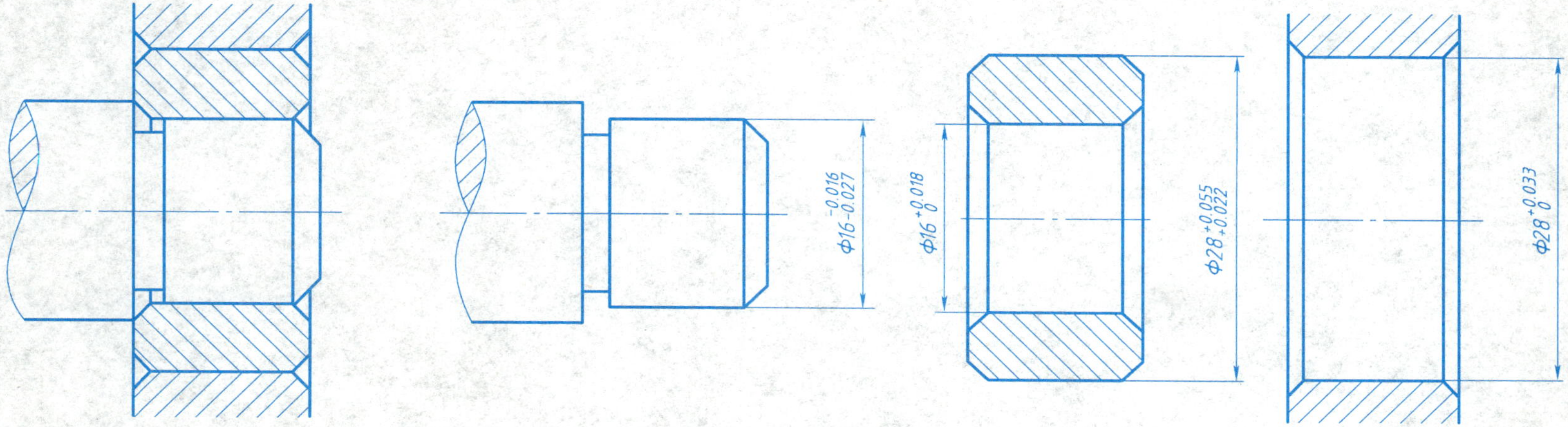

8-8　形位公差的标注

1. 用文字说明图中所标注的形位公差的含义。

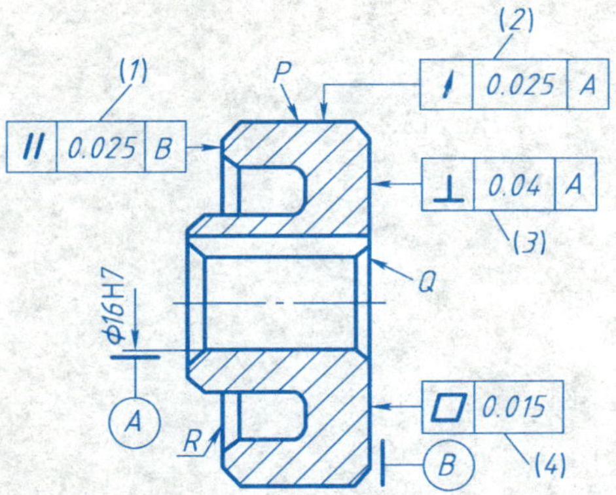

(1)

(2)

(3)

(4)

2. 将文字说明的形位公差用公差框格的形式标注在图中。

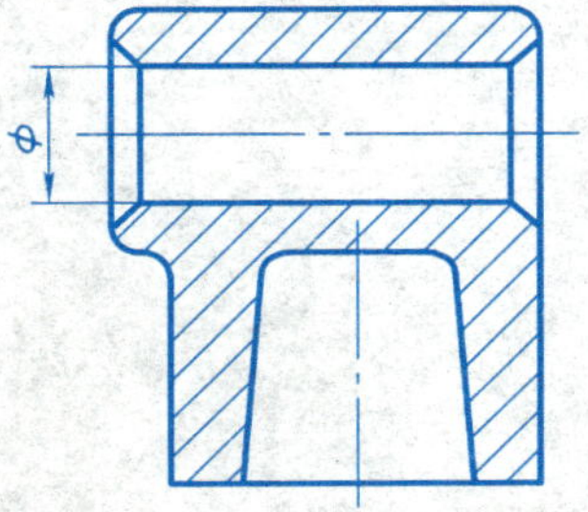

(1)孔φ轴线直线度公差为 0.012 mm。

(2)孔φ圆度公差为 0.005 mm。

(3)底面平面度公差为 0.01 mm。

(4)孔φ轴线对底面平行度公差为 0.03 mm。

四、读零件图

8-9　读轴零件图，回答问题

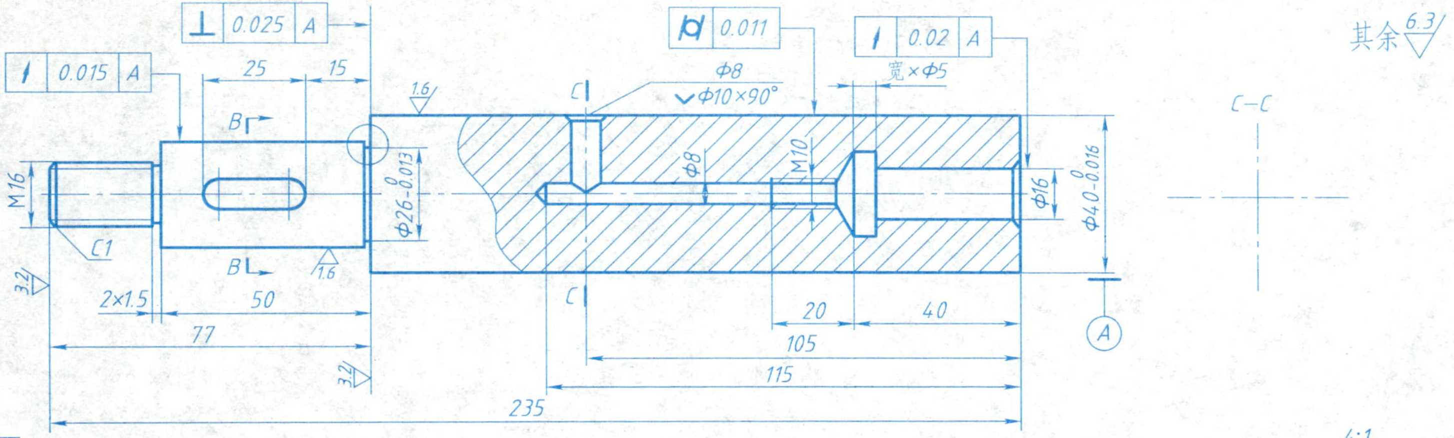

问题

1. 该零件属于____类零件，材料为________，绘图比例为________。

2. 该零件图采用____个基本视图表达零件的结构和形状。主视图采用____剖视表达轴的内部结构，采用________表达退刀槽结构，采用________表达键槽处的断面形状。

3. 用指引线和文字在图中注明轴向和径向的主要尺寸基准。

4. 键槽长度为____，宽度为________，长度方向定位尺寸为____，注出 $22_{-0.1}^{0}$ 是便于____。

5. $\phi 26_{-0.013}^{0}$ 的最大极限尺寸是____，最小极限尺寸是________，公差为________，查教材附表，其公差带代号为____；$\phi 40_{-0.016}^{0}$ 的上偏差为____，下偏差为____，公差为____。

6. 该轴的表面粗糙度要求最高的 R_a 值为____。

7. 在图中指定位置画出 C－C 断面图。

8. 说明 ⊥ 0.025 A 形位公差代号的含义：________________。

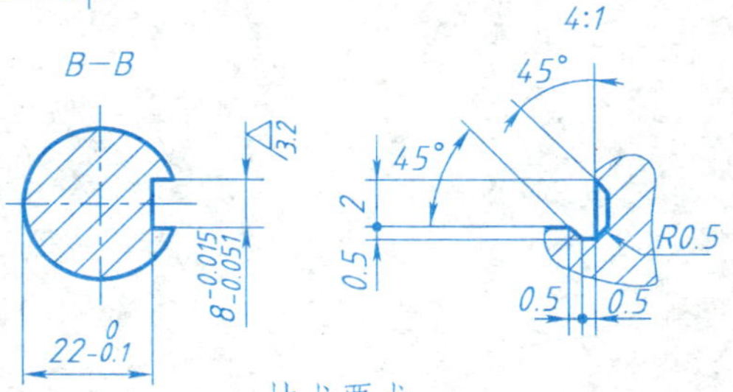

技术要求

未注倒角C1.5。

			比例	材料	
			1∶1	45	
制图			轴	数量	1
设计					
描图					
审核				共　张	第　张

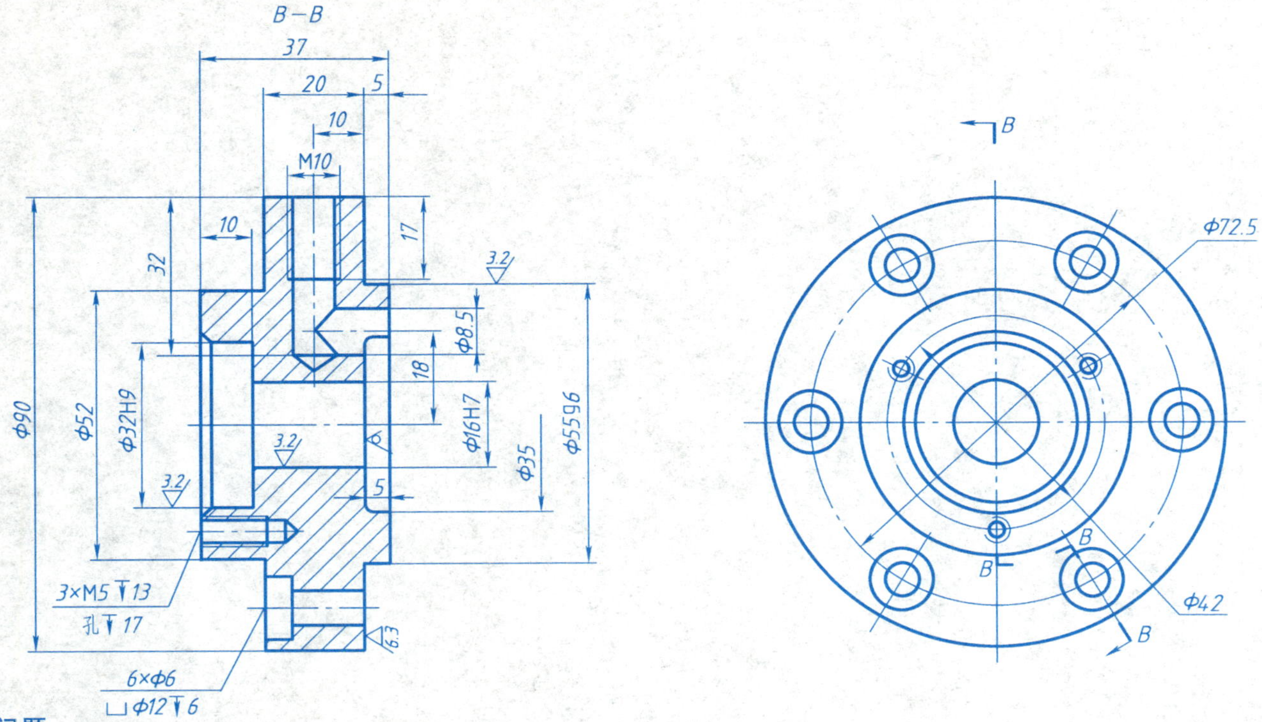

技术要求

1. 未注圆角为R2~R3。
2. 未注倒角为C2。

问题

1. 该零件属于________类零件，材料________，绘图比例________。
2. 主视图采用____剖视，剖切位置在____视图中注明，剖切面的种类____。
3. 在图中用箭头及文字分别注明轴向、径向的主要尺寸基准。
4. φ32H9 的基本尺寸为____，基本偏差代号为____，标准公差为 IT ____级。
5. 查教材附表确定极限偏差数值：φ16H7(　　)、φ55g6(　　)。
6. 端盖表面粗糙度最大的为____，最小的为____。
7. 另用图纸画出端盖的右视外形图(不画虚线)。

				比例	材料	
				1∶1	HT150	
制图			端盖		数量	1
设计						
描图						
审核					共　张	第　张

其余

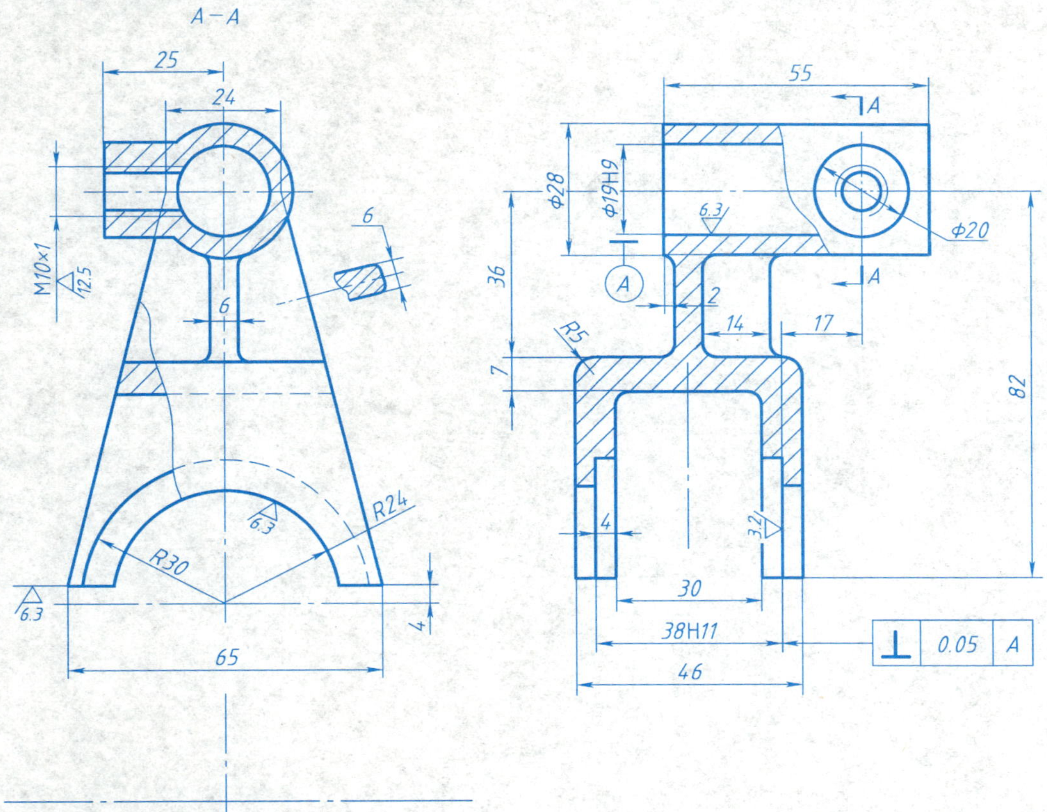

问题

1. 主视图采用了________剖视和________剖视。

2. 在指定位置画出俯视外形图（不画虚线）。

3. 标出该零件长、宽、高 3 个方向的主要基准（用箭头引出标注）。

4. 解释 M10×1 的含义________________。

5. | ⊥ | 0.05 | A | 中的 A 所指基准是________________。

技术要求

未注圆角为R3。

				比例	材料
				1∶1	ZL102
制图			拨叉	数量	1
设计					
描图					
审核				共　张	第　张

8-12 读支座零件图,回答问题

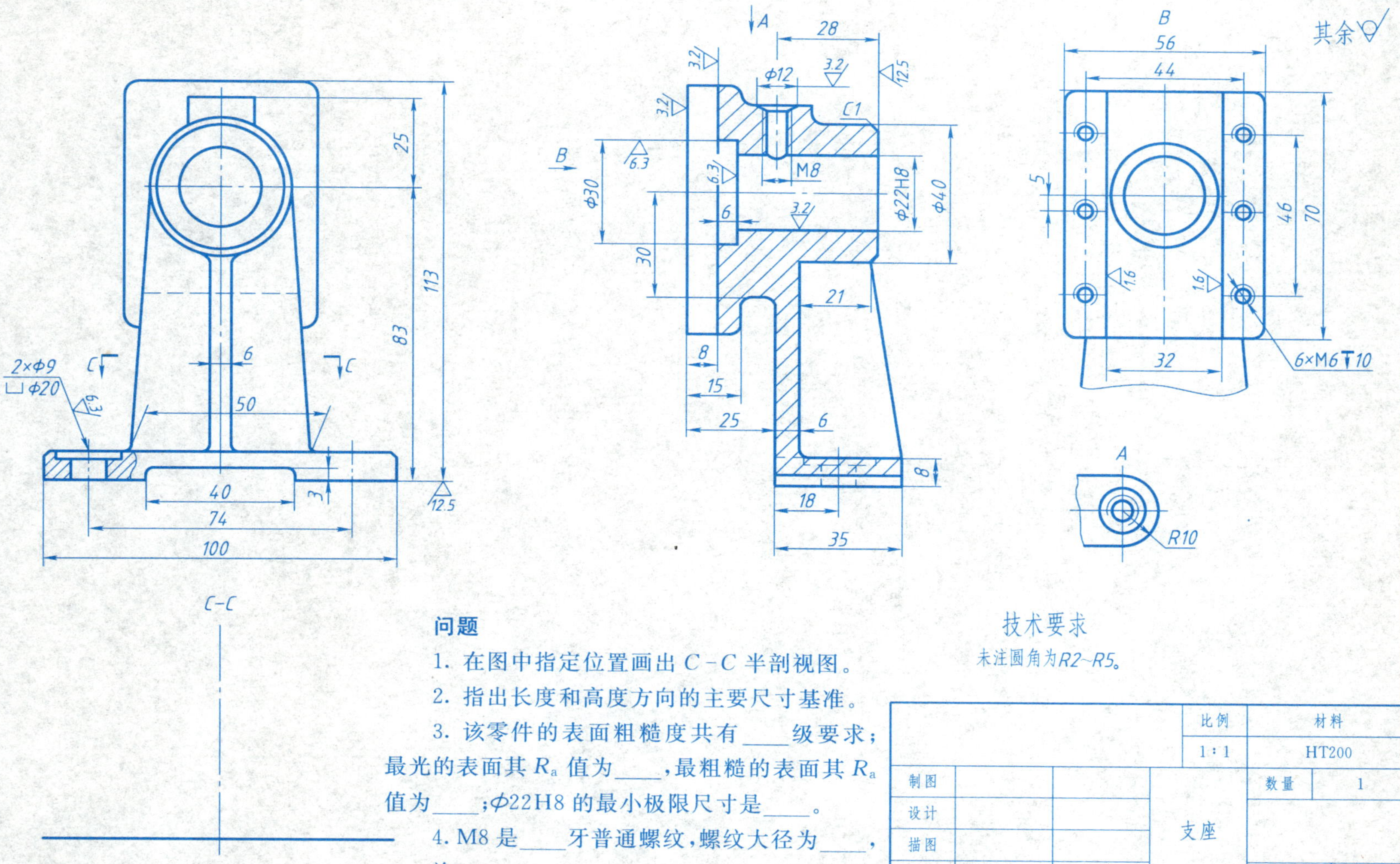

技术要求

未注圆角为R2~R5。

问题

1. 在图中指定位置画出 C-C 半剖视图。

2. 指出长度和高度方向的主要尺寸基准。

3. 该零件的表面粗糙度共有____级要求;最光的表面其 R_a 值为____,最粗糙的表面其 R_a 值为____;Φ22H8 的最小极限尺寸是____。

4. M8 是____牙普通螺纹,螺纹大径为____,____旋。

			比例	材料
			1∶1	HT200
制图			支座	数量 1
设计				
描图				
审核				共 张 第 张

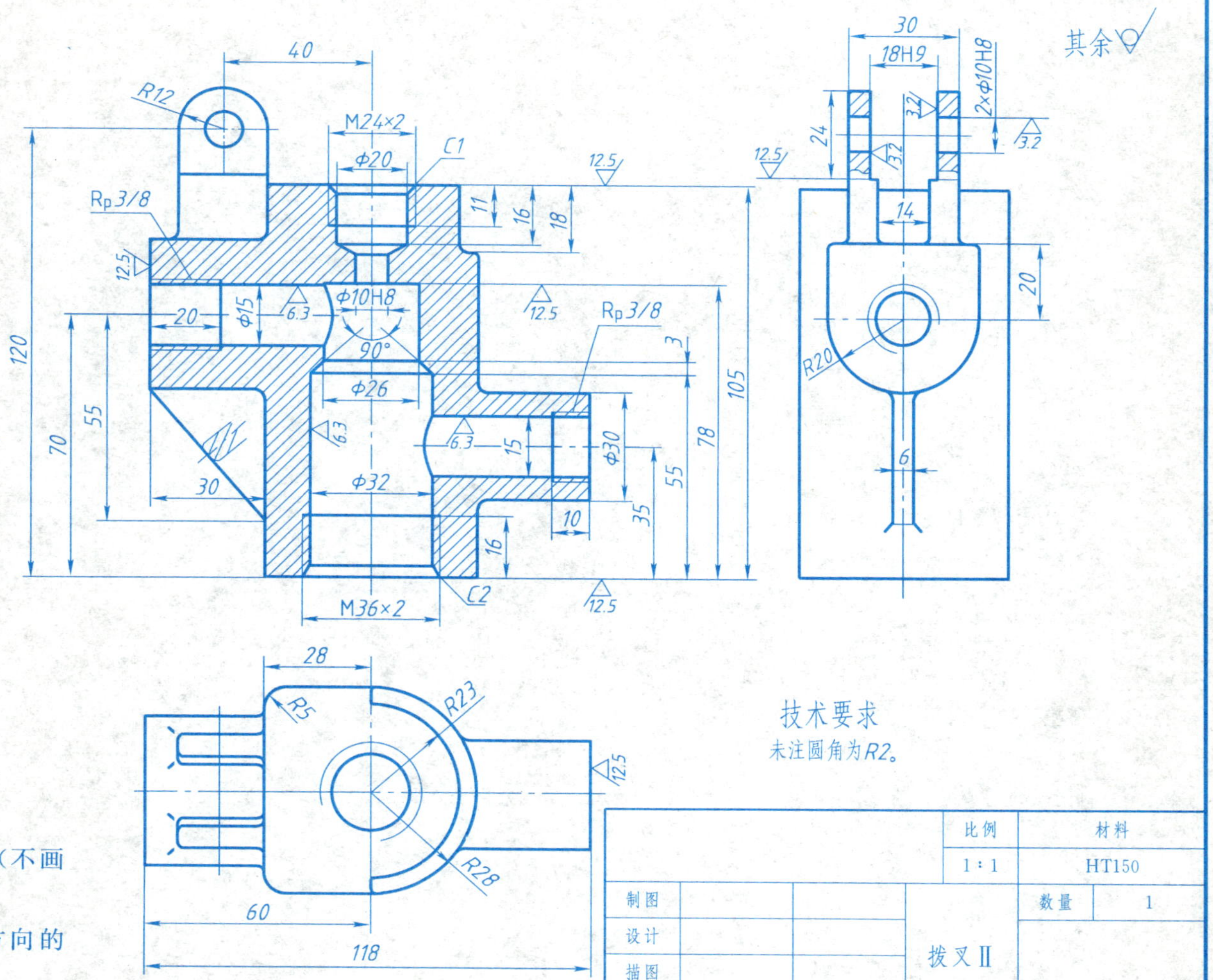

技术要求

未注圆角为R2。

				比例	材料	
				1∶1	HT150	
制图			拨叉Ⅱ		数量	1
设计						
描图						
审核					共　张	第　张

问题

1. 在指定位置画出主视外形图（不画虚线）。

2. 标出该零件长、宽、高3个方向的主要基准。

班级　　　　姓名　　　　学号

8-14　读壳体零件图，回答问题

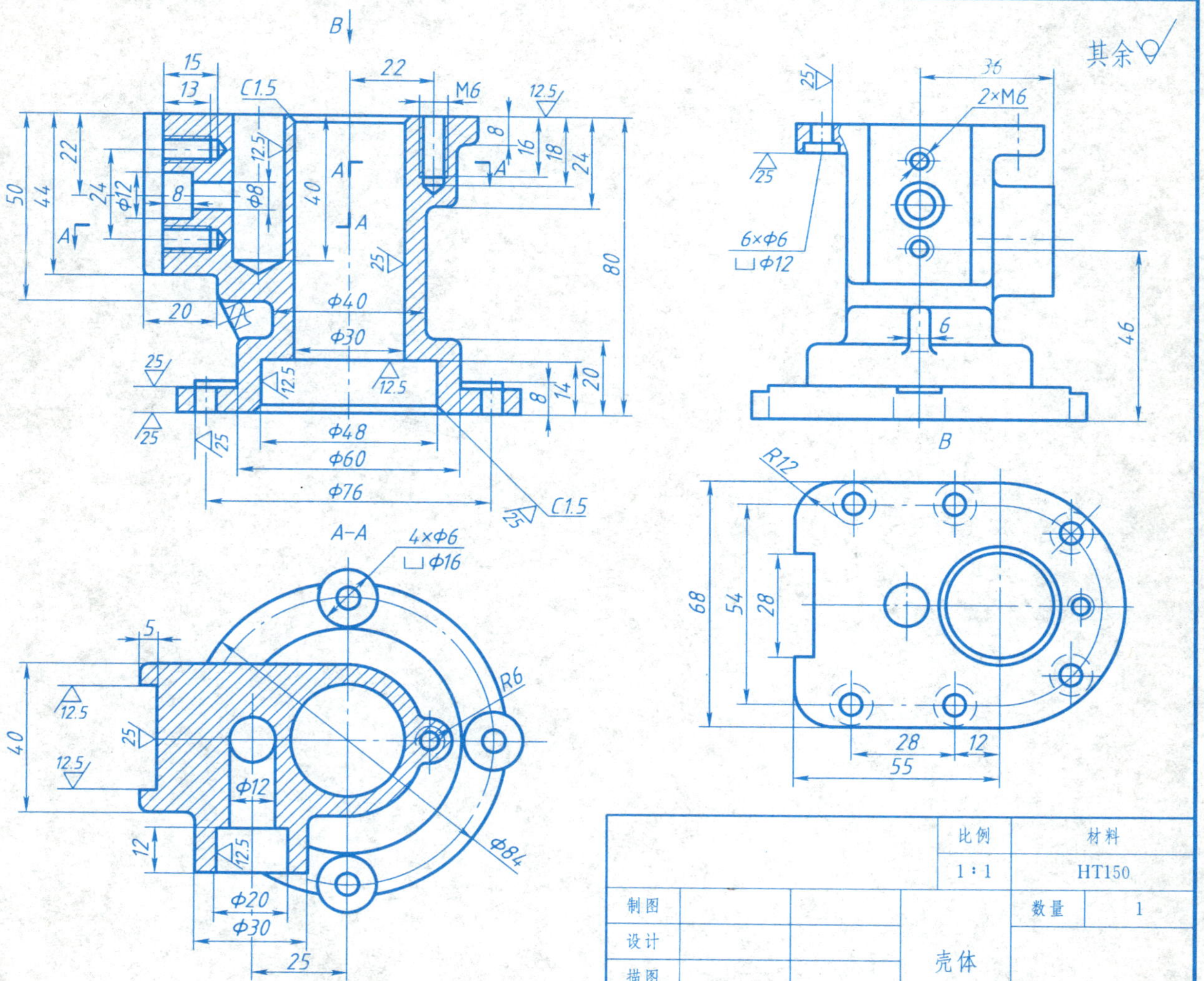

问题

1. 在指定位置画出主视外形图（不画虚线）。

2. 在图中注出长、宽、高 3 个方向的主要基准。

技术要求

未注圆角为R2~R3。

				比例	材料
				1∶1	HT150
制图			壳体	数量	1
设计					
描图					
审核				共　张	第　张

班级　　　　姓名　　　　学号

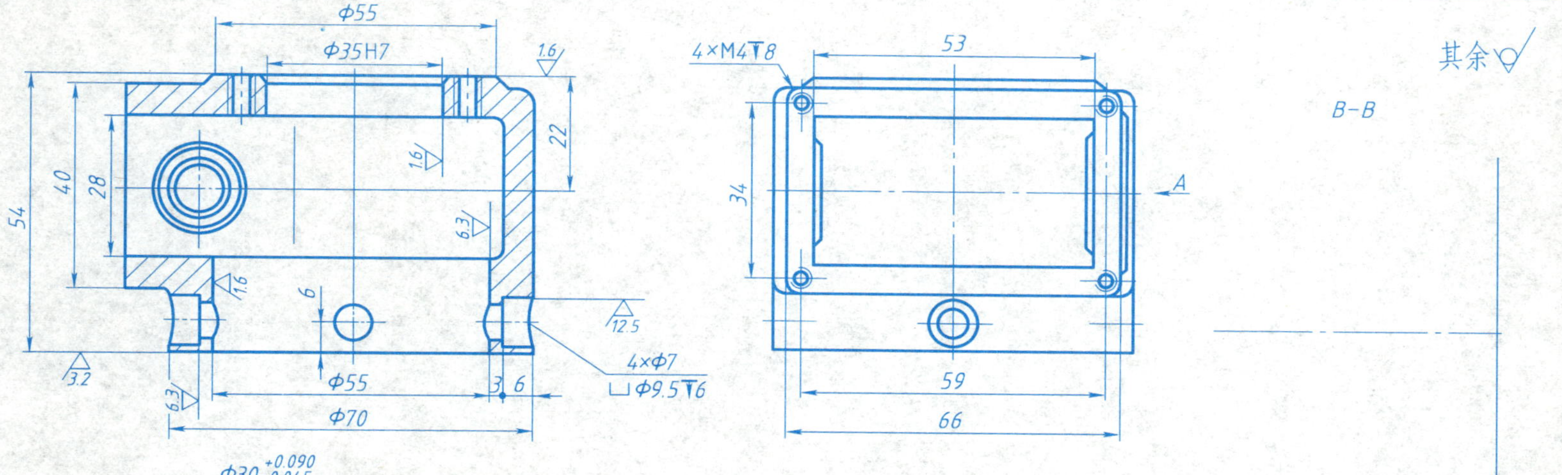

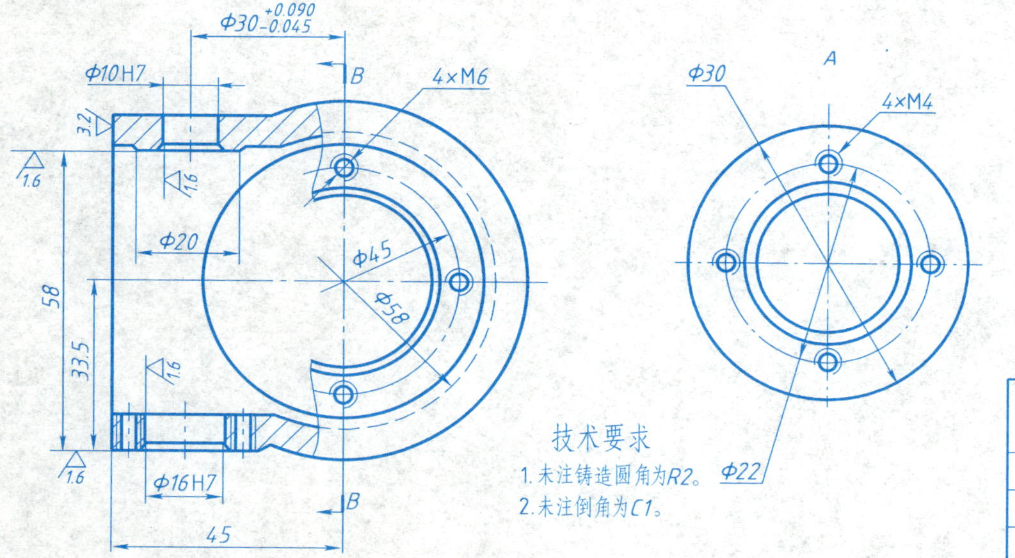

问题

1. 在指定位置画出 $B-B$ 全剖视图。

2. 指出长度和宽度方向的主要尺寸基准。

3. 该零件的表面粗糙度共有________级，其中要求最高的表面 R_a 值为________，要求最低的表面粗糙度代号为________。Φ35H7 的下偏差为________。

4. 该零件所用螺纹是________牙普通螺纹，是标准螺纹吗？________。

				比例	材料
				1∶1	HT200
制图			箱体	数量	1
设计					
描图					
审核				共　张	第　张

班级　　　　姓名　　　　学号

五、零件测绘

8-16 零件测绘

零件测绘指导书

(一)作业目的

1. 掌握测绘的基本技能和绘制零件图的方法。

2. 熟悉对轴(套)、轮盘、叉架及箱体4类典型零件的表达方法,以及倒角、圆角、退刀槽、键槽等标准结构的查表方法。

3. 掌握表面粗糙度、公差、形位公差的标注和极限偏差的查表。

4. 掌握一般的测量方法和测量工具的使用方法。

(二)作业内容与要求

1. 根据零件(实物)选择表达方案,再根据零件的大小确定绘图比例。画出1～2个零件的草图(使用方格纸或A3图纸)。

2. 草图图形画好后,画出全部尺寸界线和尺寸线,测量一个标注一个,并确定技术要求(根据装配体或参考同类产品)。

3. 由零件草图绘制零件图。

(三)注意事项

1. 虽然草图是在徒手目测的条件下绘制的,但不能潦草,图中的字体、图线要按标准绘制。

2. 对于重要尺寸应直接注出;对于精度较高的尺寸,应选用精度较高的量具,如游标卡尺、千分尺等;对于低精度的尺寸(如毛坯)可用内、外卡钳和钢直尺等;测量时还要注意正确选择尺寸基准,由基准出发测量尺寸;尽量避免尺寸换算,以减少差错。

3. 对于标准结构,如倒角、圆角、退刀槽、键槽等应查阅相关标准,确定其尺寸。

4. 技术要求的内容,如表面粗糙度、极限与配合、形位公差等,需在教师指导下选用。

5. 填写标题栏中的零件材料时,可参考教材附录。

6. 画零件草图时,为便于测量,注出的尺寸较多,画零件图时,不能照抄零件草图中的尺寸,要重新进行调整(考虑尺寸基准)。

第九单元　装　配　图

一、画装配图

9-1　由零件图拼画装配图

由零件图拼画装配图

(一)作业目的

熟悉和掌握装配图的内容及表达方法。

(二)作业内容和要求

1. 读懂装配体的每张零件图(如图 9-2、图 9-3),同时参照其装配示意图,拼画装配图。

2. 根据零件图的大小,自行确定绘图比例、图纸幅面。

(三)注意事项

1. 弄清装配体的工作原理及各零件的装配连接关系。

2. 根据装配体的装配示意图及零件图,确定表达方案。

3. 对标准件要查阅有关标准确定,如右图中的两个螺钉。

4. 应注意,同一零件的不同视图中其剖面线间距、方向应一致,相邻零件剖面线的间距、方向应明显区分。

(四)图例

1. 千斤顶:其装配示意图见右图,零件图见图 9-2、图 9-3。

2. 齿轮油泵:其装配示意图见图 9-4,零件图见图 9-5～图 9-9。

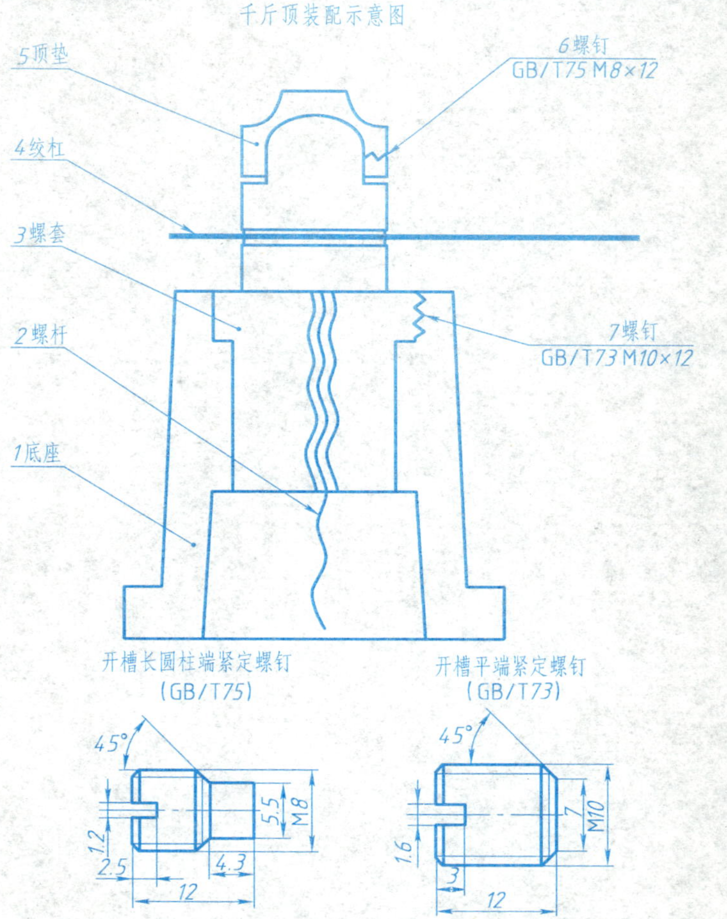

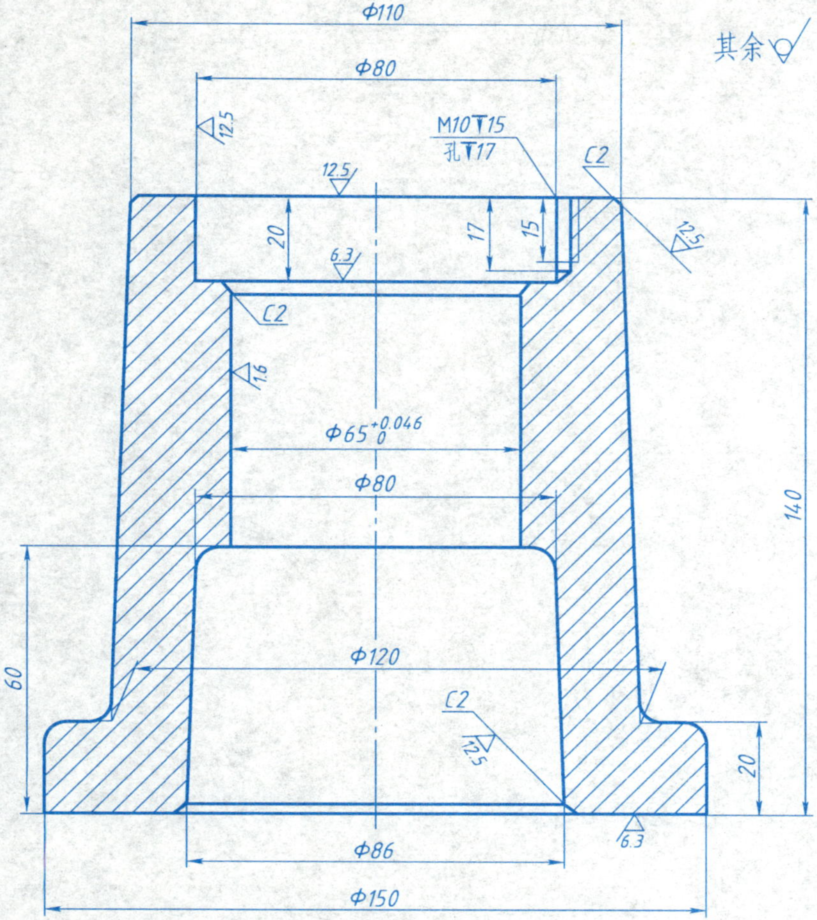

技术要求

1. 未注圆角半径R3。
2. M10与螺套配作。

名称	底座	数量	1
材料	HT200	序号	1

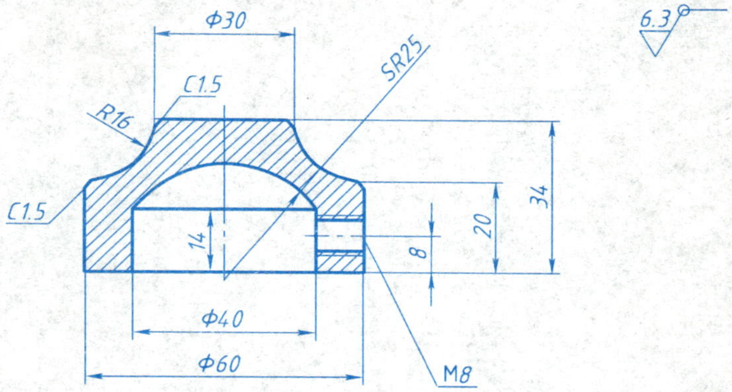

技术要求

热处理HRC45~50。

名称	顶垫	数量	1
材料	Q235－A	序号	5

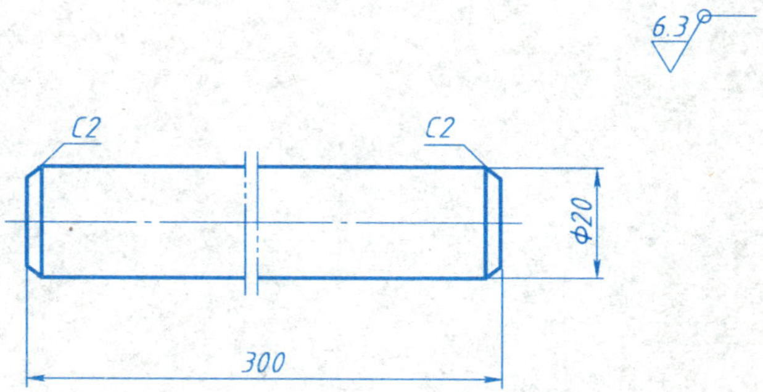

名称	绞杠	数量	1
材料	35	序号	4

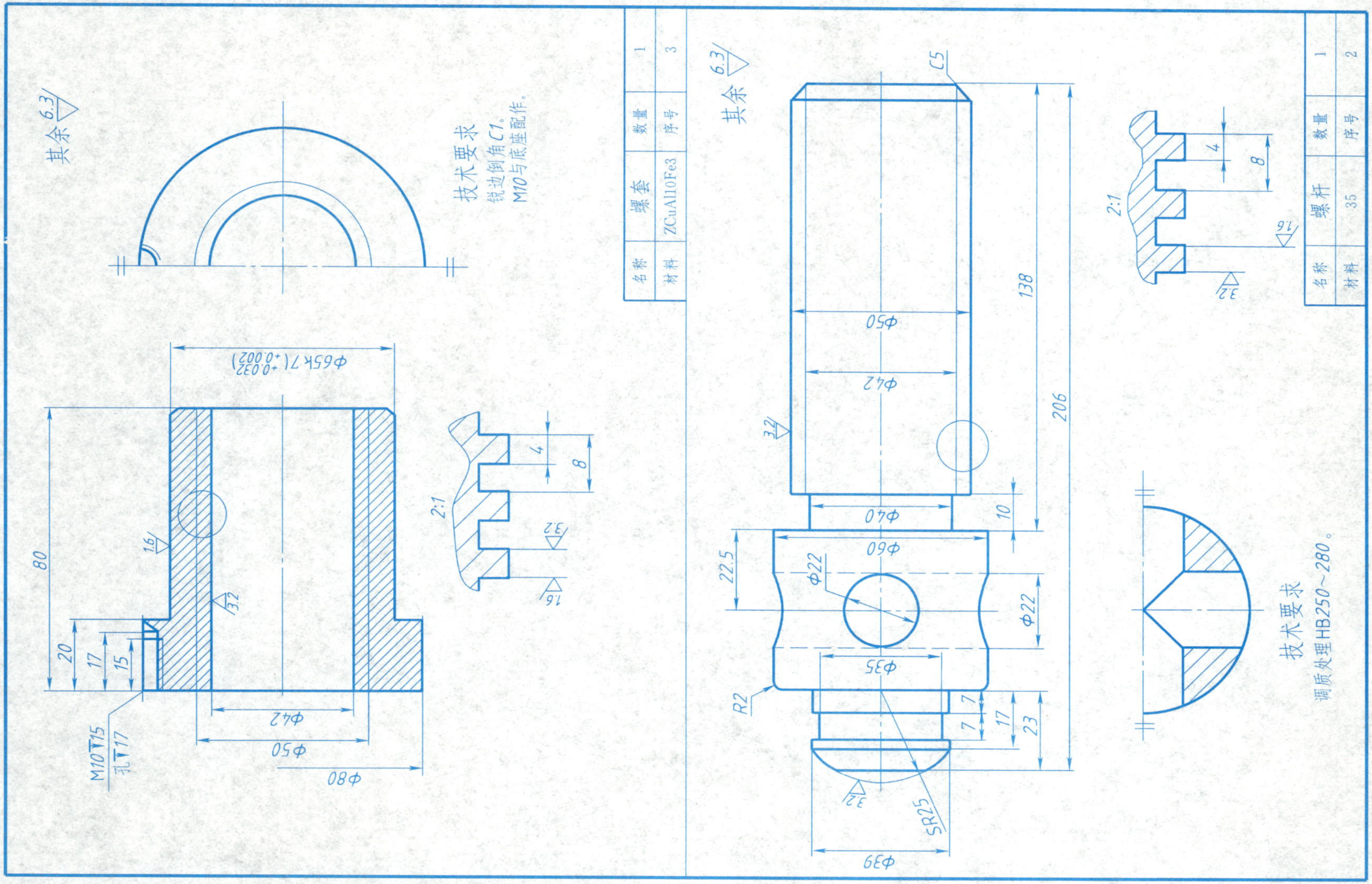
其余 6.3
技术要求
锐边倒角C1。
M10与底座配作。
名称 螺套 数量 1
材料 ZCuAl10Fe3 序号 3
Φ65k7(+0.032 +0.002)
80
20
17
15
M10▼15
孔▼17
Φ42
Φ50
Φ80
1.6
3.2
2:1
4
8
其余 6.3
C5
138
206
Φ50
Φ42
Φ40
Φ60
Φ22
Φ22
Φ35
22.5
10
R2
7
7
17
23
SR25
Φ39
名称 螺杆 数量 1
材料 35 序号 2
技术要求
调质处理HB250~280。

9-4　齿轮油泵装配示意图

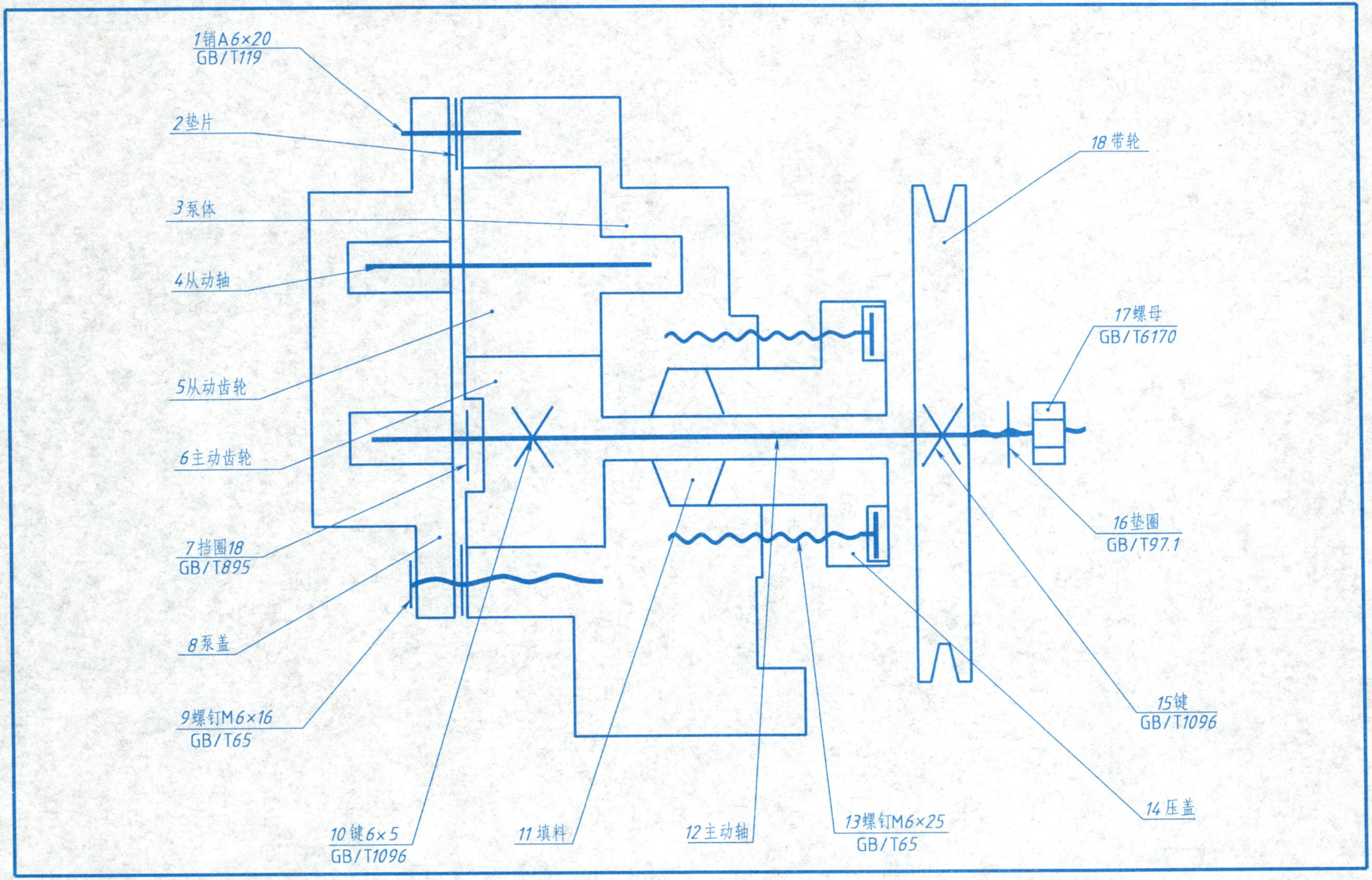

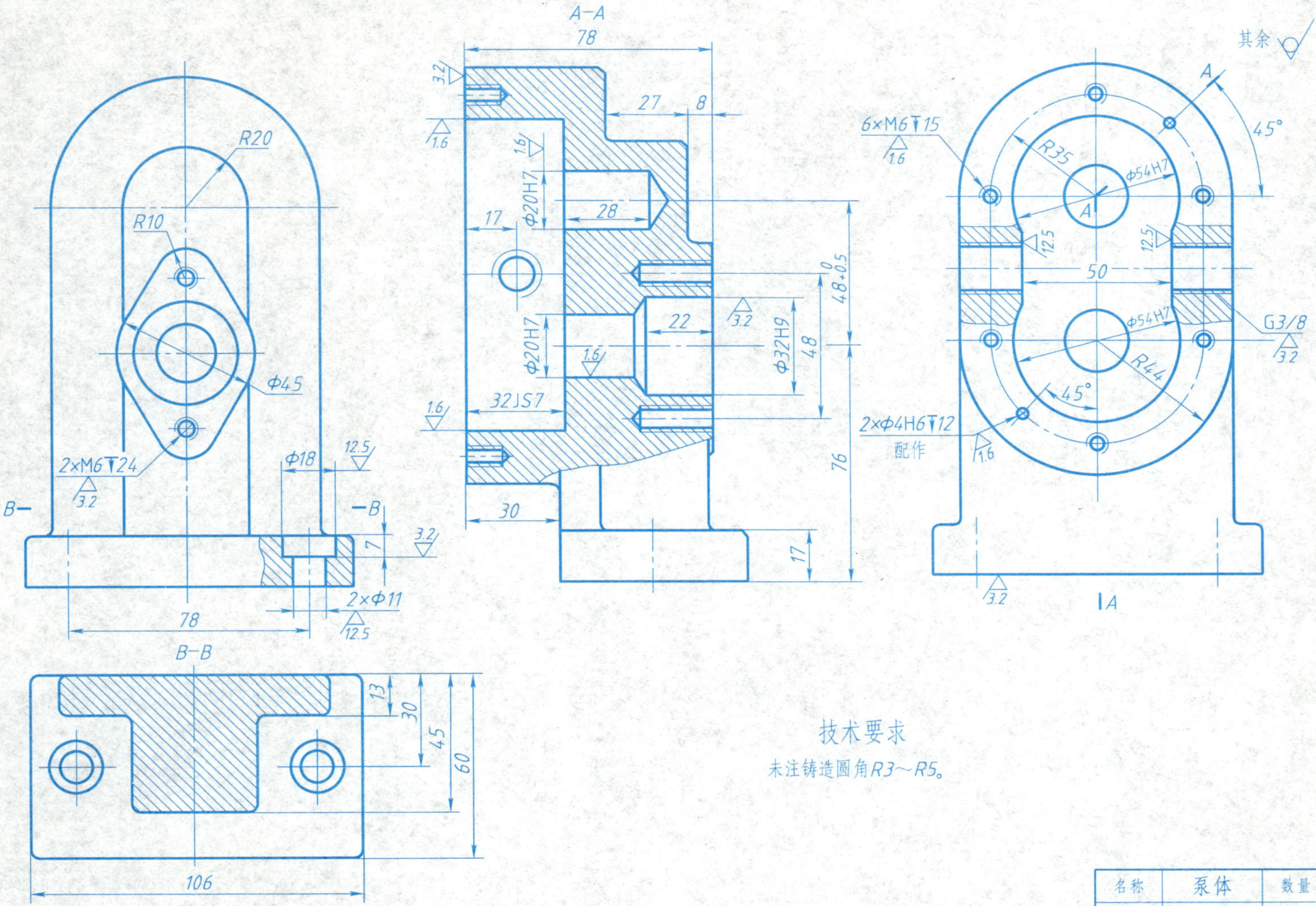

技术要求

未注铸造圆角R3～R5。

名称	泵体	数量	1
材料	HT200	比例	1∶1

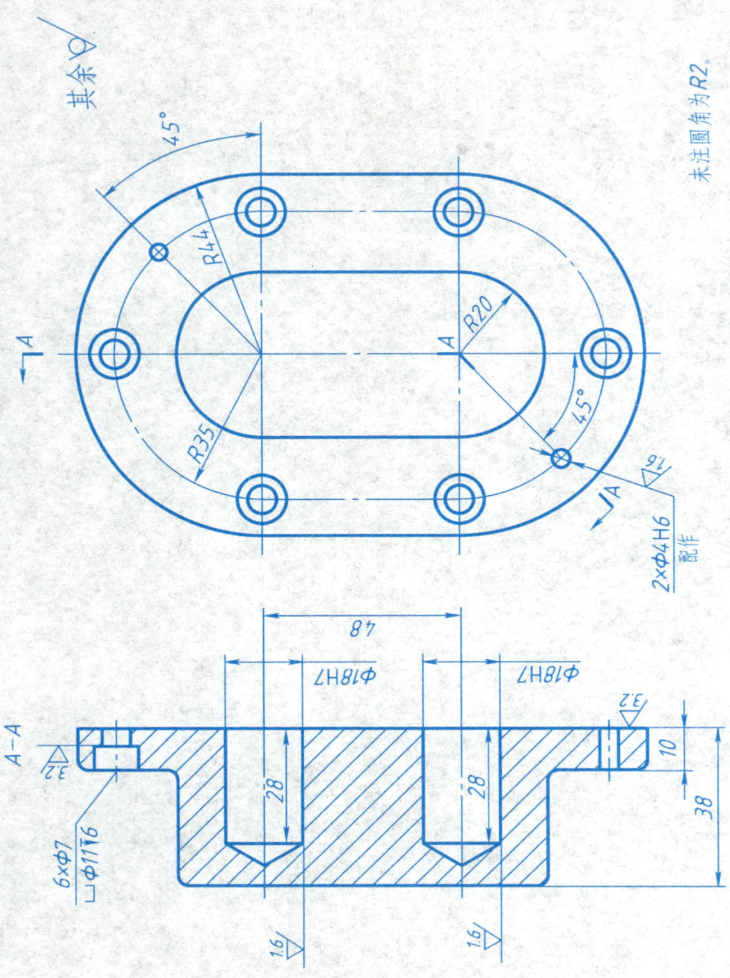

未注圆角为R2。

名称	泵盖	数量	1
材料	HT200	比例	1:1

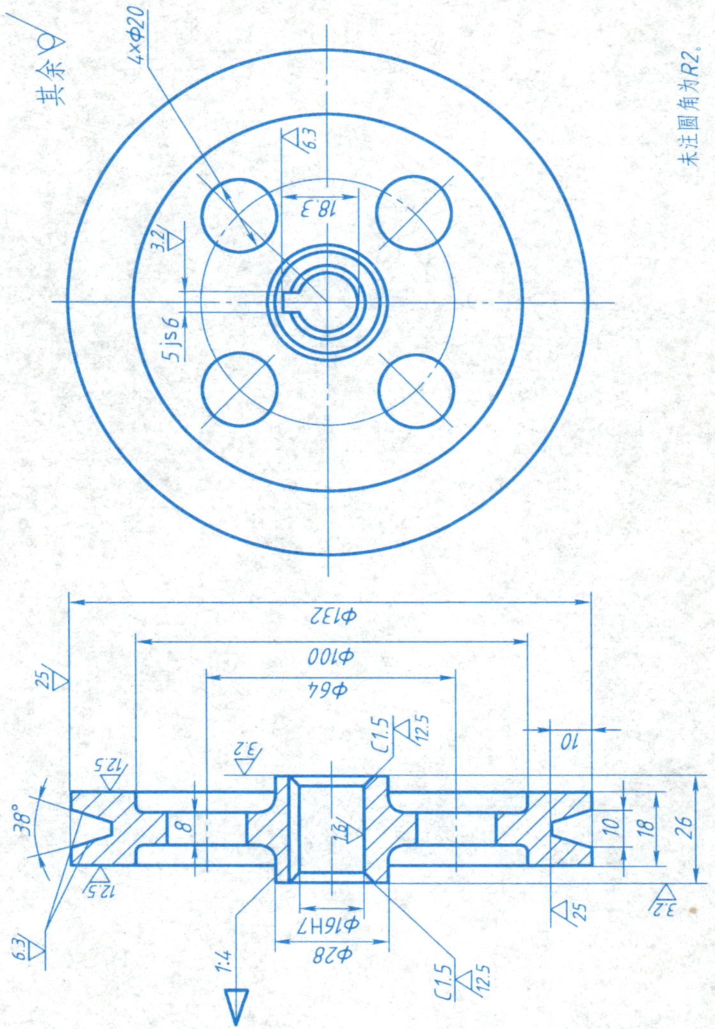

未注圆角为R2。

名称	带轮	数量	1
材料	HT200	比例	1:1

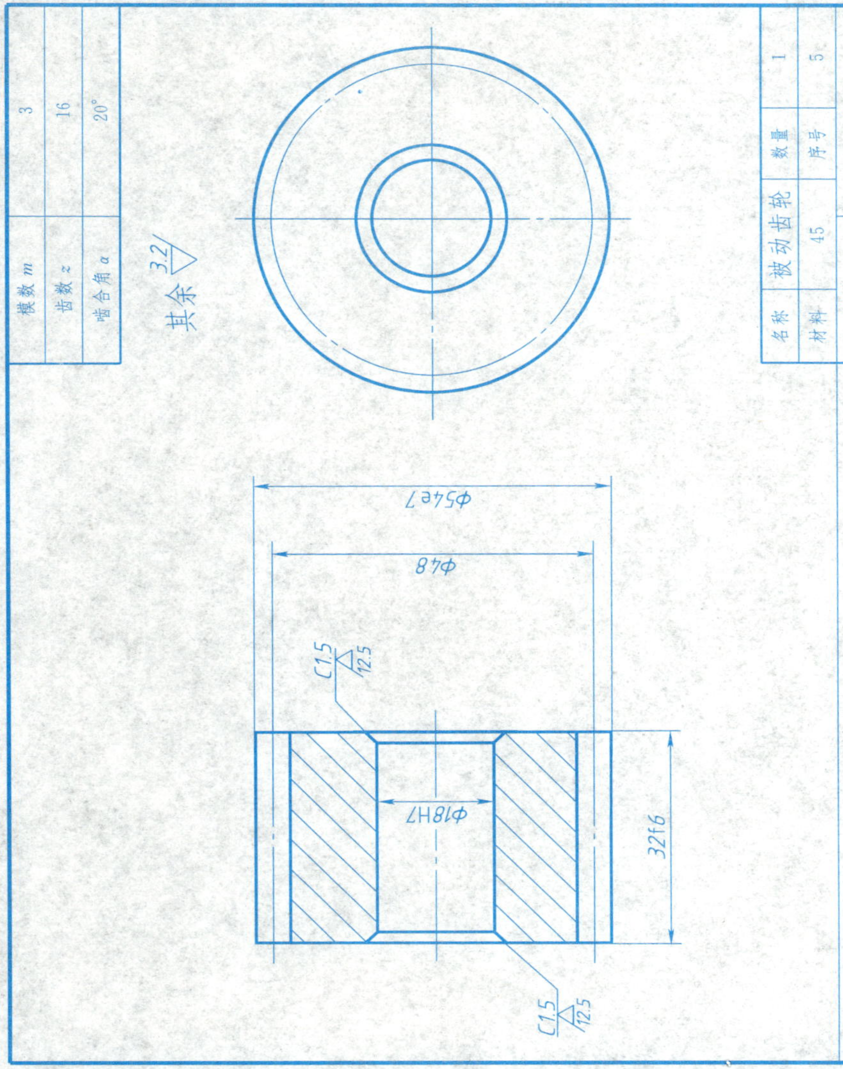
模数 m
3
齿数 z
16
啮合角 α
20°
其余 3.2
名称
数量
1
材料
45
序号
5
Φ54e7
Φ48
Φ18H7
32f6
C1.5
12.5

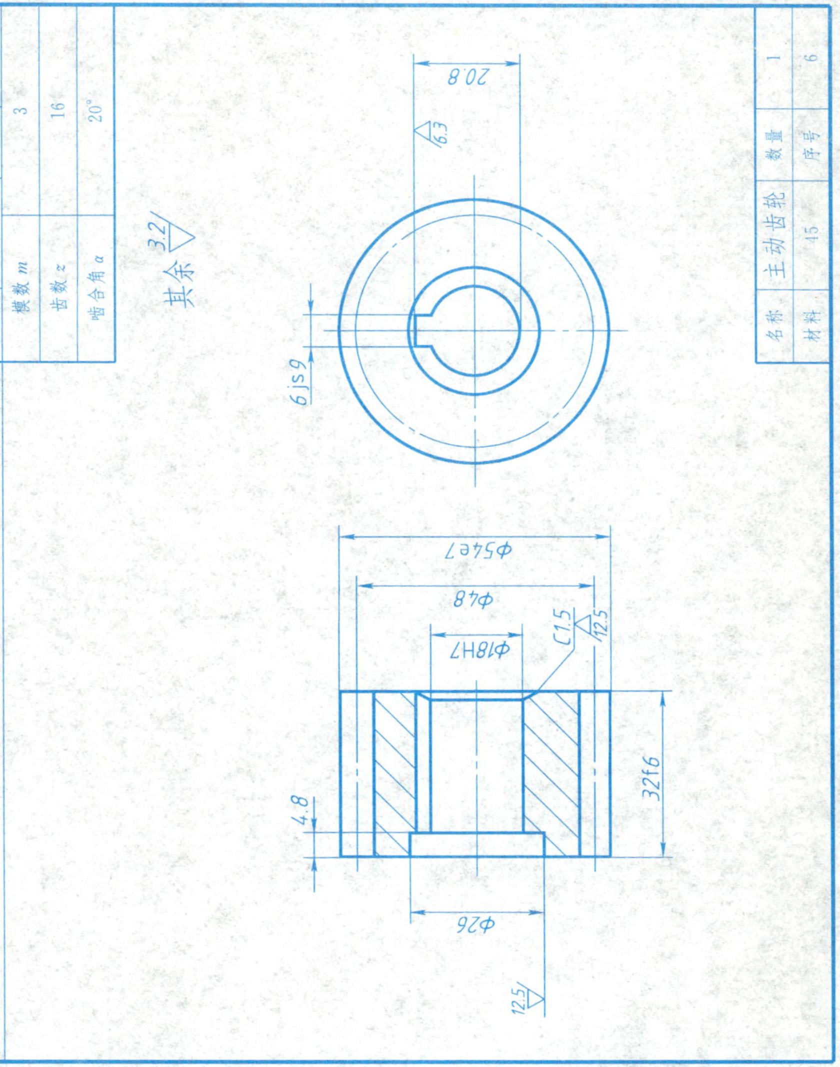
模数 m
3
齿数 z
16
啮合角 α
20°
其余 3.2
名称
主动齿轮
数量
1
材料
45
序号
6
20.8
6.3
6js9
Φ54e7
Φ48
Φ18H7
C1.5
12.5
32f6
4.8
Φ26

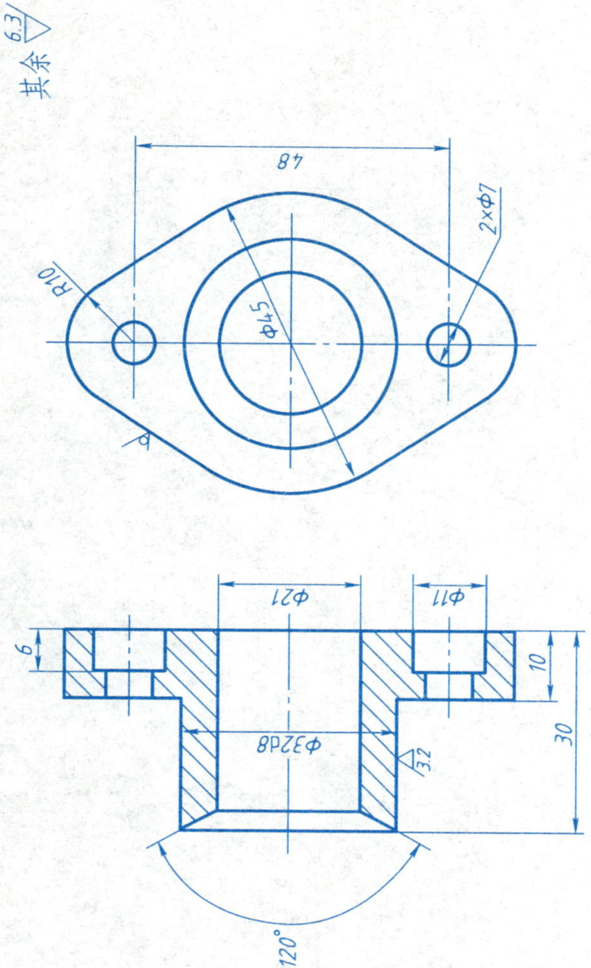

名称	压盖	数量	1
材料	HT150	序号	14

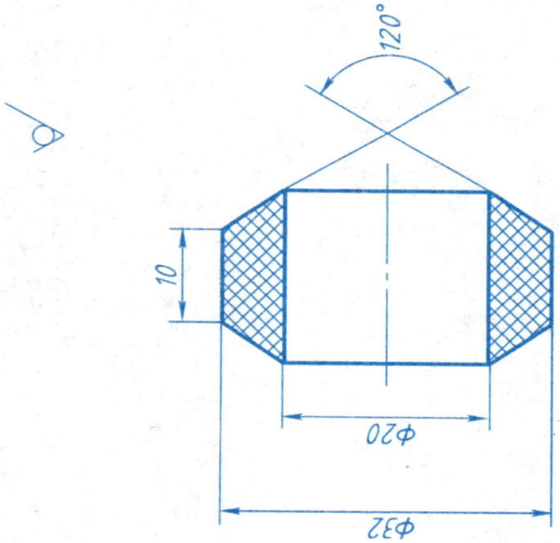

名称	填料	数量	1
材料	棉麻绳	序号	11

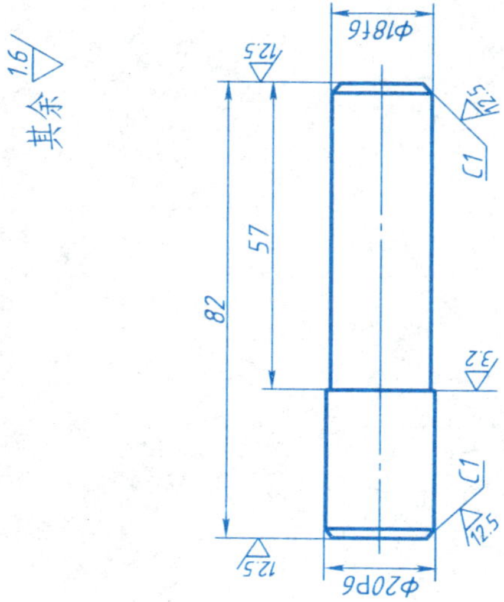

名称	从动轴	数量	1
材料	45	序号	4

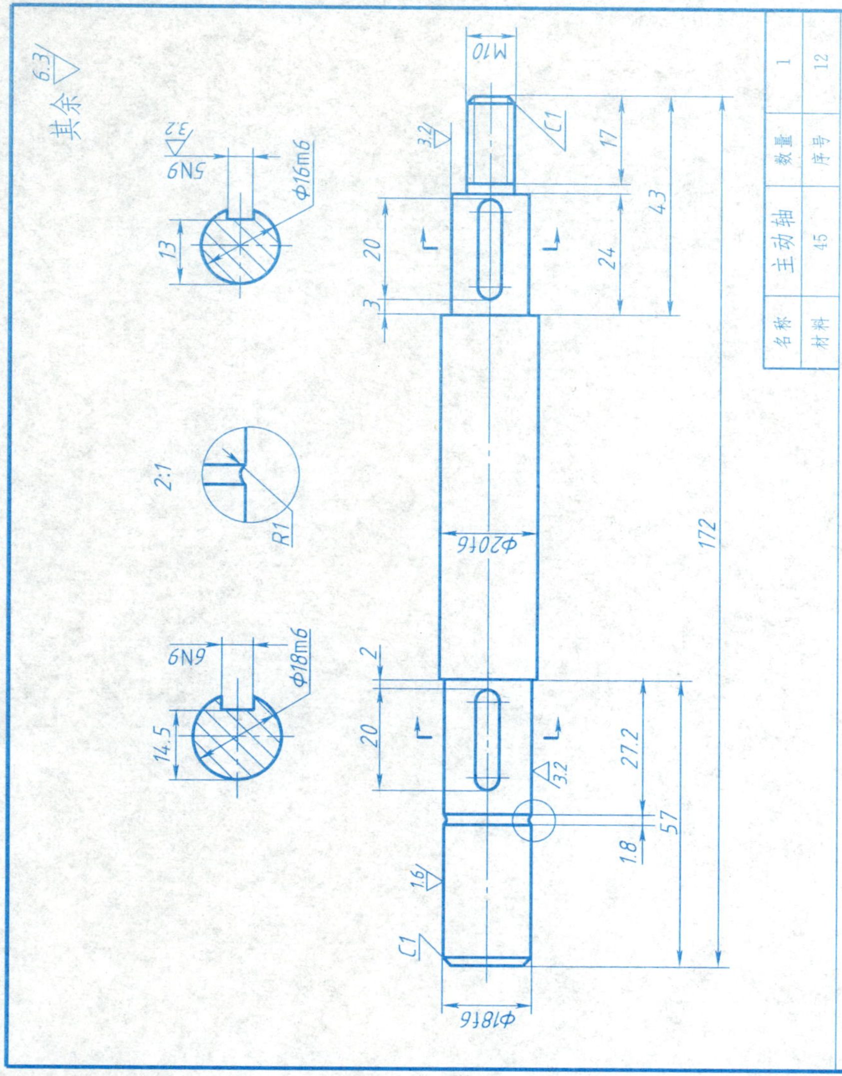
其余 6.3
M10
C1
3.2
17
43
24
20
3
172
Φ20f6
5N9
3.2
Φ16m6
13
2:1
R1
6N9
Φ18m6
14.5
2
20
27.2
3.2
57
1.8
1.6
C1
Φ18f6
名称 主动轴 数量 1
材料 45 序号 12

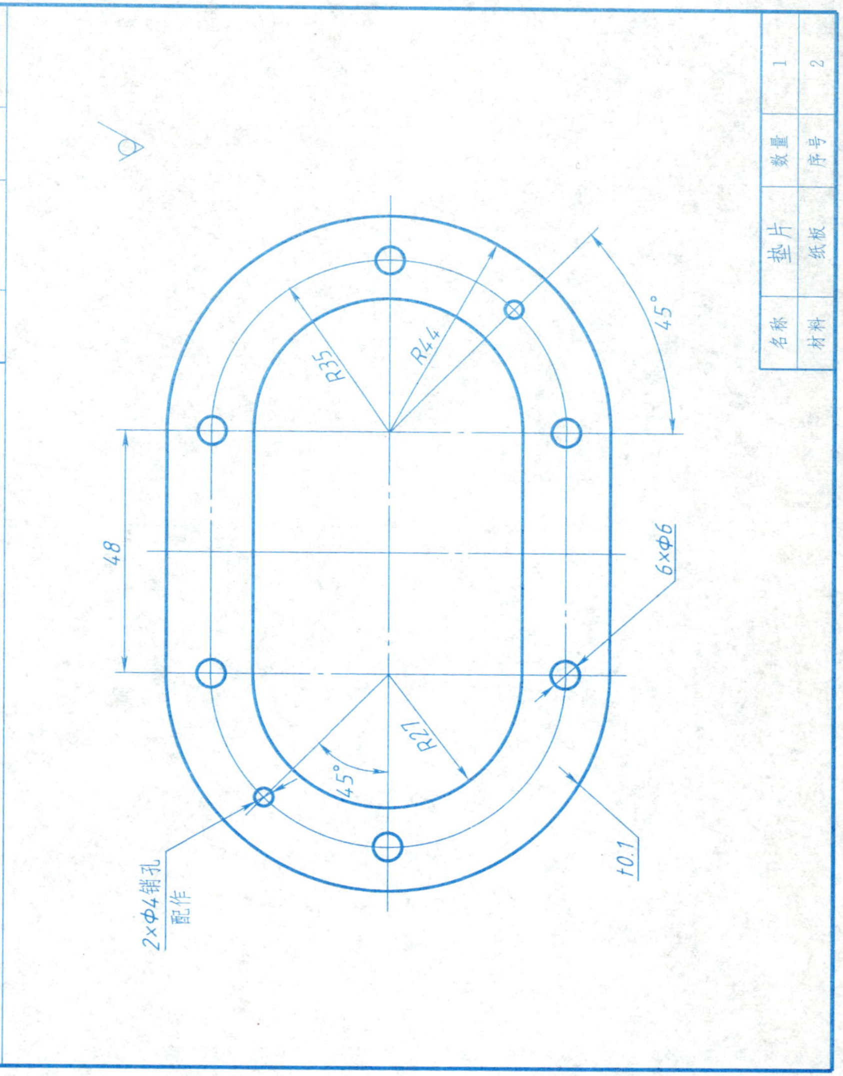
R35
R44
45°
48
6×Φ6
R27
45°
2×Φ4销孔
配作
t0.1
名称 垫片 数量 1
材料 纸板 序号 2

9-10　阅读铣刀头装配图，回答问题

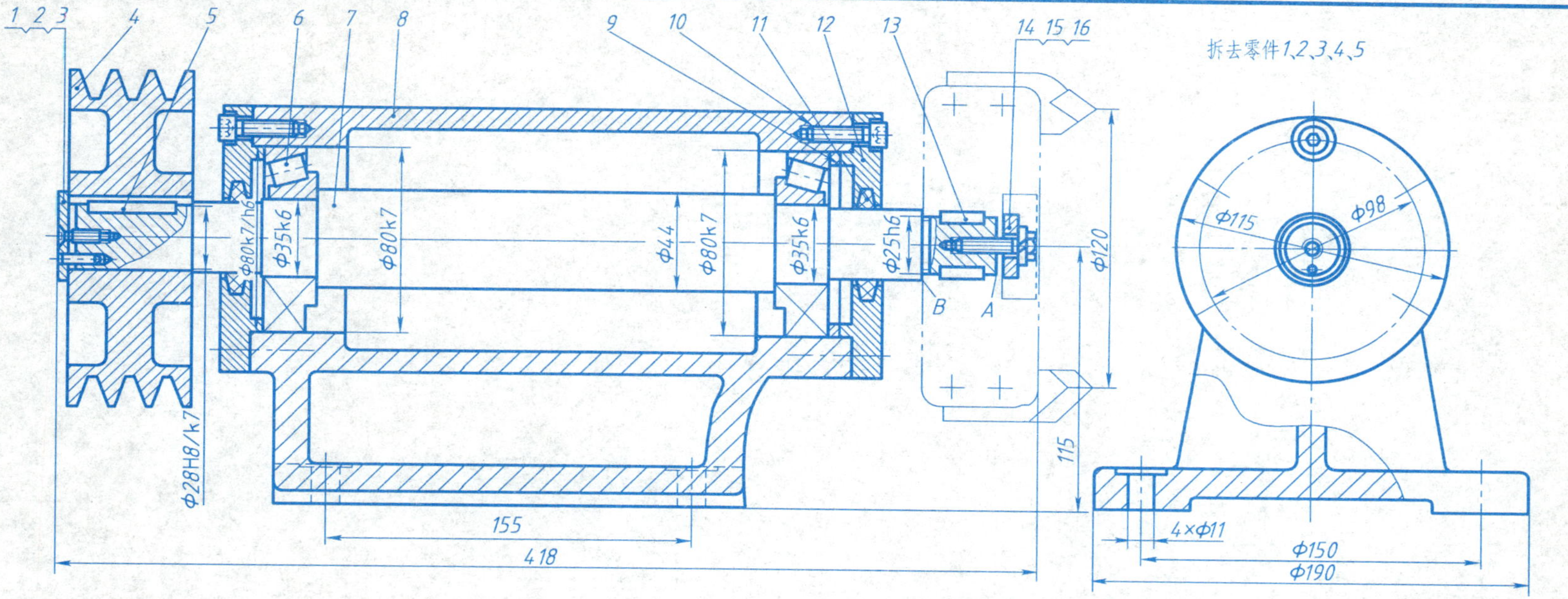

问题

1. 主视图采用______剖，______处______剖和________画法。
2. 主视图中155为________尺寸，115为________尺寸。
3. 左视图采用________画法与________剖和________画法。
4. 件11起________作用，材料是________。
5. 欲拆下件5，必须按顺序拆卸件________。
6. Φ28H8/k7是________尺寸，它表示件________与件________是________配合，属于________制，公差等级分别为________。
7. 滚动轴承与孔为________制________配合，滚动轴承与轴为________制________配合。
8. 铣刀头的转动是怎样得到的？________________

技术要求

1. 主轴轴线对底面的平行度公差为0.04/100；
2. 刀盘定位轴颈A对Φ35轴线的径向全跳动公差为0.02；
3. 刀盘定位端面B对Φ25轴线的端面全跳动公差为0.02；
4. 铣刀轴端的轴向游隙不大于0.01。

序号	代号	名称	数量	材料	单件重量	总计重量	备注
16	GB/T 971	垫圈	1				
15	GB/T 5781	螺栓 M6×20	1				
14		挡圈	1	35			
13	GB/T 1096	键 6×6×20	2				
12		端盖	2	HT200			
11		毡圈	2	羊毛毡			
10	GB/T 701	螺钉 M8×25	12				
9		调整环	1	Q235-A			
8		座体	1	HT200			
7		轴	1	45			
6	GB/T 297	轴承 30307	1				
5	GB/T 1096	键 8×7×40	1				
4		带轮	1	HT150			
3	GB/T 119.1	销 3×18	1				
2	GB/T 68	螺钉 M6×16	1				
1		挡圈	1	35			

标记	处数	分区	更改文件号	签字	年、月、日		铣刀头
设计			标准化			阶段标记 / 重量 / 比例 1:1	
审核							
工艺			批准			共 张 / 第 张	

班级　　姓名　　学号

9-11 阅读铣平面卡具装配图，画出件 7 的主视外形图和左视（半剖视）图

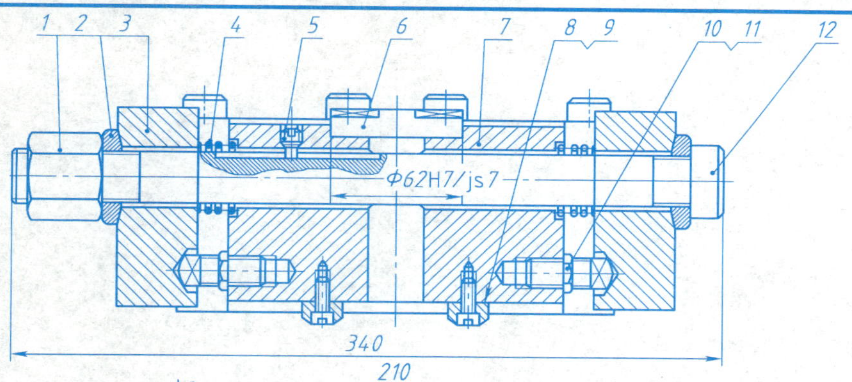

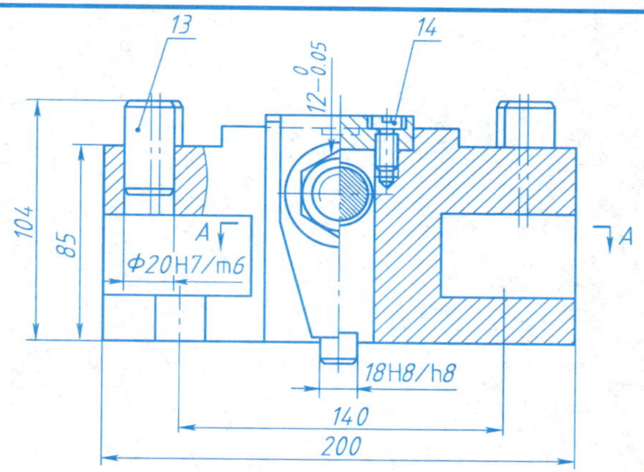

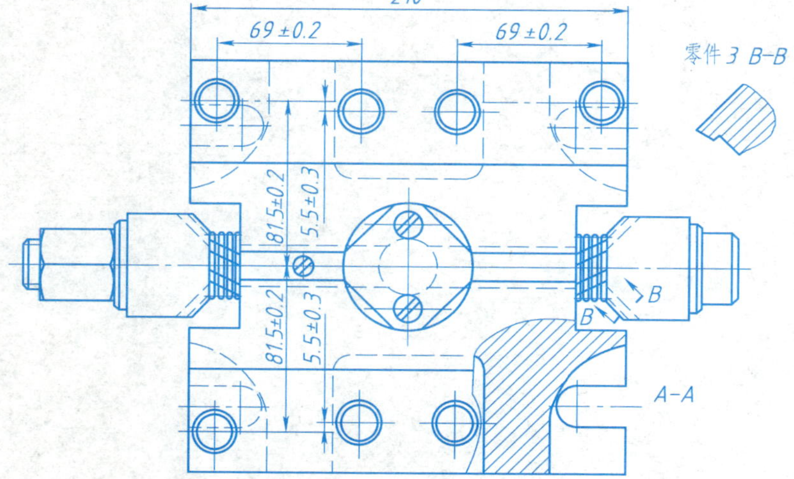

序号	代号	名称	数量	材料	单件重量	总计重量	备注
14	GB/T 65	螺钉 M8×15	2	Q235 - A			
13	GB/T 119.1	销 20×40	8	45			
12		拉杆	1	45			
11		调整支头	2	45			
10	GB/T 6172	螺母 M16	2	Q235 - A			
9	GB/T 65	螺钉 M10×10	2	Q235 - A			
8		定位键	2	45			
7		卡具体	1	HT150			
6		定位块	1	T8			
5	GB/T 75	螺钉 M10×10	1	Q235 - A			
4	GB/T 2089	弹簧 2×30×50	2	65Mn			
3		压板	2	T8			
2		球面垫圈	2	Q235 - A			
1	GB/T 56	六角厚螺母 M24	1	Q235 - A			

标记	重量	分区	更改文件号	签字	年、月、日
设计			标准化		
审核					
工艺			批准		

阶段标记	重量	比例	
		1∶2.5	铣平面卡具
共 张		第 张	

9-12 阅读溢流阀装配图，回答问题

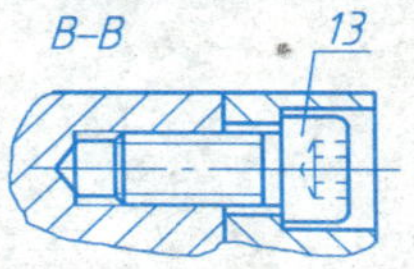

工作原理

溢流阀是装在液压传动系统管路上的一种安全装置，其作用是保持液压系统中规定的压力。在正常工作情况下，进出油路被滑阀 4 阻断，处于关闭位置，如图示位置。当油路中的压力超过规定时，因滑阀 4 的左端与高压油相通，只要系统中的压力超过弹簧 5 的压力时，滑阀 4 就被推向右方，此时阀体 1 上的进油腔 Ⅰ 与连通出油口的油腔 Ⅱ 相通，高压油就从出油口溢出；当油压恢复正常后，弹簧 5 又将滑阀 4 推向左方，重新将进出油路阻断。弹簧 5 的压力由调节螺母 10 进行调整。阀体上的孔 Ⅳ 使滑阀 4 的右端与出油口连通，保证滑阀 4 能向右移动。

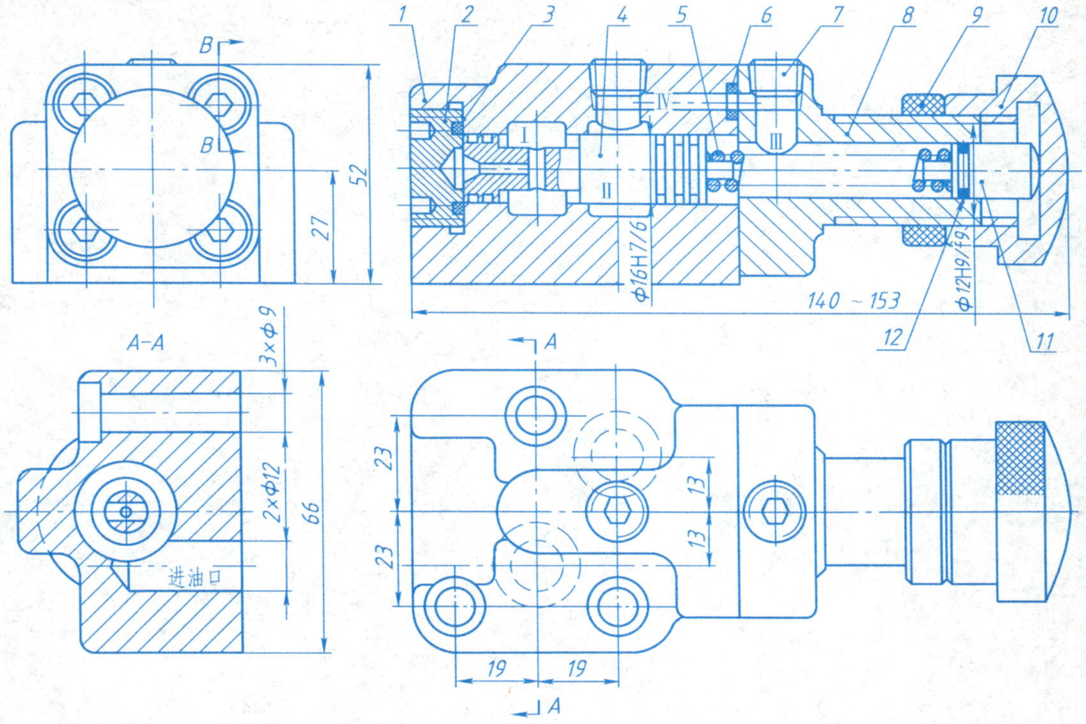

问题

1. 主视图采用____剖视和____剖视，其余为____图、____图、____图、____图。

2. 件 3、件 6、件 12 起________作用。

3. 看懂图形。拆画件 1 的主视图外形图，不画虚线。

序号	代号	名称	数量	材料	单件重量	总计重量	备注
13	GB/T 70	螺钉	1	Q235－A			
12		O 型密封圈	1	橡胶			
11		调节杆	1	45			
10		调节螺母	1	35			
9		锁紧螺母	1	尼龙			
8		阀盖	1	HT150			
7		油塞	1	Q235－A			
6		O 型密封圈	1	橡胶			
5	GB/T 2089	弹簧	1	65Mn			
4		滑阀	1	40Cr			
3		O 型密封圈	1	橡胶			
2		后螺盖	1	35			
1		阀体	1	HT150			

标记	重量	分区	更改文件号	签字	年、月、日		
设计		标准化		阶段标记	重量	比例	溢流阀
审计						1∶1	
工艺		批准		共 张		第 张	

第十单元　钢筋混凝土结构图

10-1　钢筋图基本知识

1. 填空。

(1)钢筋按生产工艺和抗拉强度的不同可以分为________、________、________、________等多种强度等级的钢筋。

(2)按钢筋在梁、板、柱等构件中所起的作用不同，可分为________、________、________、________。

(3)弯钩的形式有四种：________、________、________、________。

(4)混凝土可分为若干等级，如________________，其中的数字表示________，数字越大，抗压强度越大。

(5)8－YKB7－36－2 表示________________________。

(6)在钢筋混凝土构件的配筋图中，钢筋的编号一般采用先________________，后________________。

(7)梁平面整体表示法是在________________或________________。

(8)柱平面整体表示法是在________________或________________。

2. 钢筋标注并画出详图。

已知梁中受力筋为 HRB335，直径是 16 mm；架立钢筋为 HPB235，直径是 12 mm；箍筋为 HPB235，直径是 8 mm。对梁立面图和断面图中钢筋进行标注，并画出钢筋详图。(不考虑尺寸，只画形状)

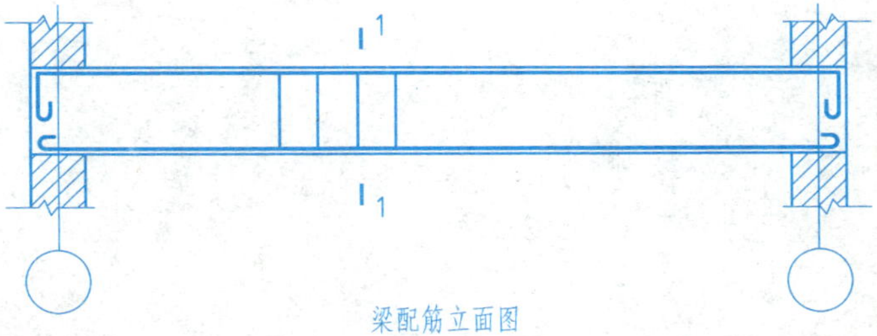

梁配筋立面图

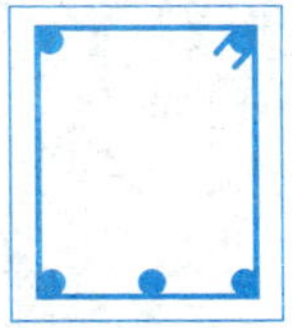

1-1

10-2 钢筋混凝土构件图(一)

1. 已知多跨梁的配筋平面图，绘制 1－1 和 2－2 断面图(板厚 100 mm)。

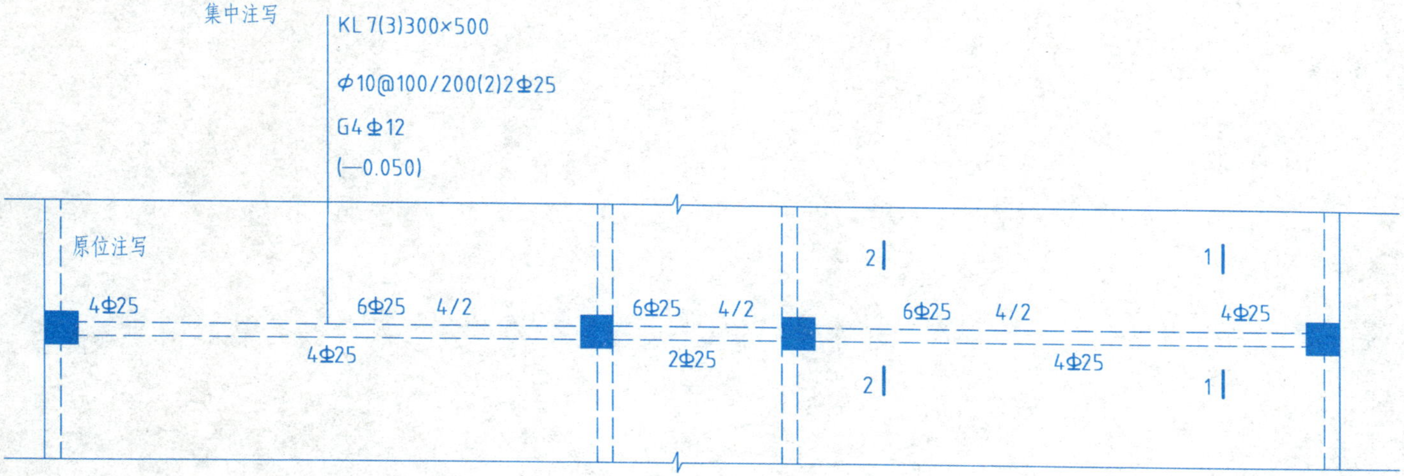

1-1 1:25

2-2 1:25

2. 根据梁的配筋立面图和钢筋详图,绘制 1－1 和 2－2 断面图(钢筋保护层厚度为 25 mm)。

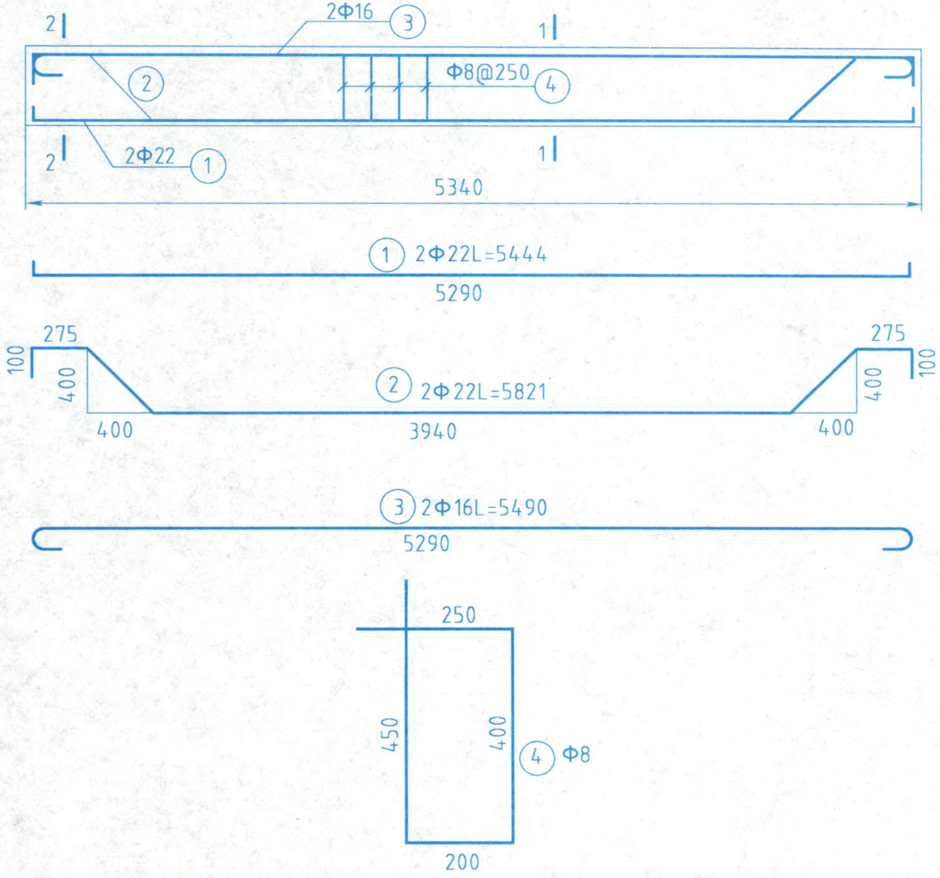

1-1 1:25

2-2 1:25

第十一单元　房屋建筑图

11-1　房屋建筑图知识填空

1. 建筑图的图线从粗细上可分为________、________、________三种。

2. 定位轴线编号圆用________线绘制，直径________ mm，详图直径可增至________ mm。

3. 索引符号圆用________线绘制，直径________ mm；详图符号圆用________线绘制，直径是________ mm。

4. 指北针的圆用________线绘制，直径宜为________ mm。

5. 平面图中横向轴线的编号，应用________从________至________顺序编号；竖向轴线的编号，应用________从________至________顺序编号。

6. 房屋施工图一般由________、________、________、________、________组成。

1.

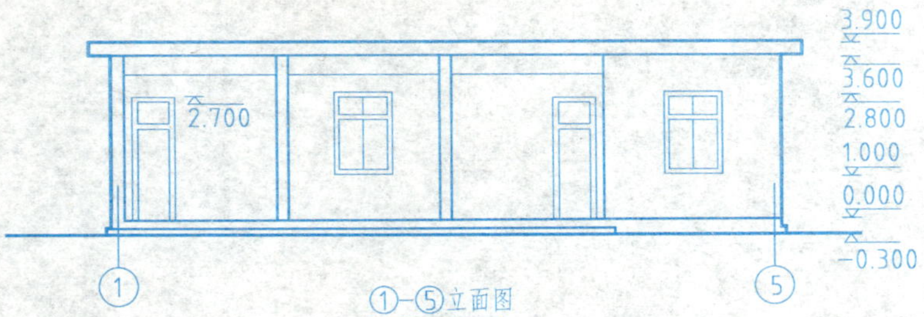

①—⑤立面图

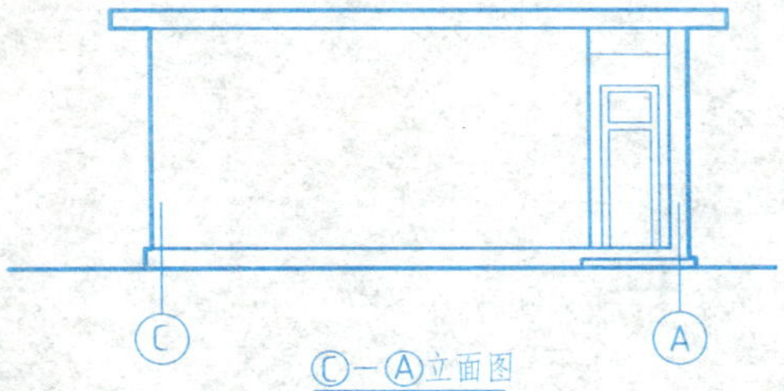

Ⓒ—Ⓐ立面图

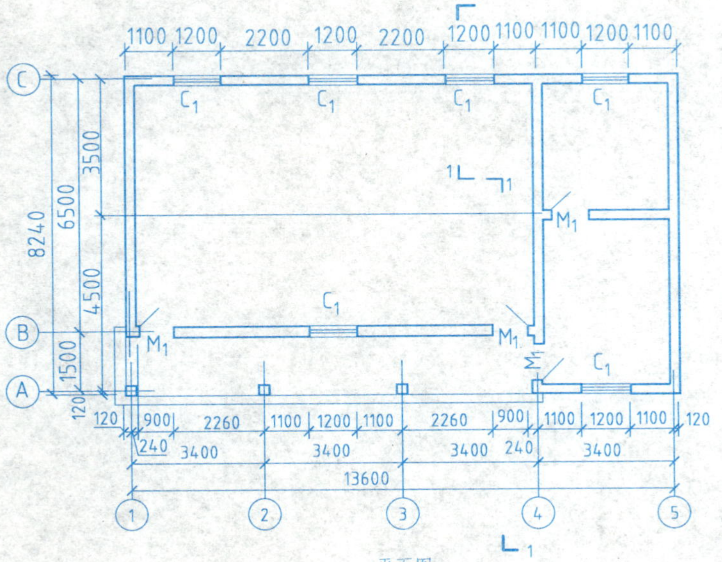

平面图

门窗表

代号	名称	宽	高	数量
C_1	双扇普通窗	1200	1800	6
M_1	门	900	2700	4

(一)作业内容

1. 了解建筑施工图的表达内容和图示特点。

2. 在阅读理解的基础上，抄绘平面图和立面图，补画 1－1 剖面图。

(二)作业要求

1. 用 A3 幅面图纸绘制，比例 1∶100。

2. 图线分明，符合建筑制图标准。

3. 图面整洁。

班级　　　　姓名　　　　学号

2.

正立面图1:100

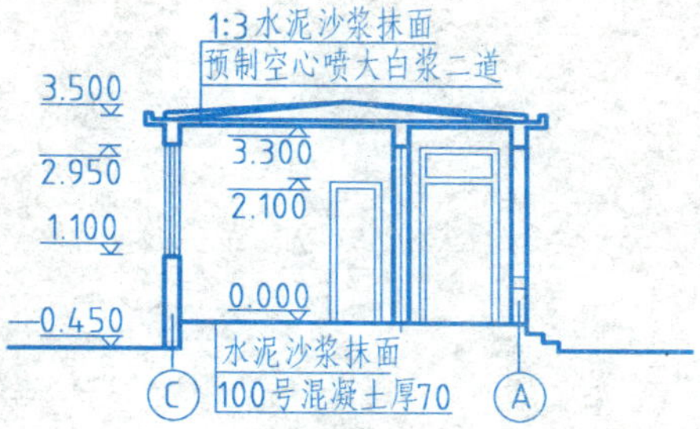

1-1 剖面图1:100

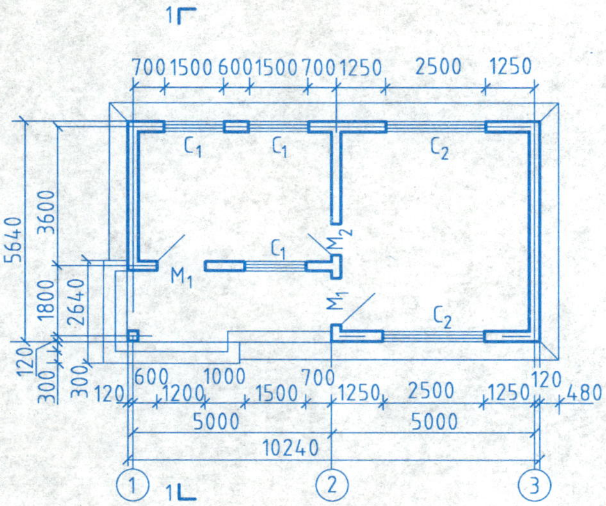

平面图1:100

(一)作业内容

1. 了解建筑施工图的表达内容和图示特点。

2. 在阅读理解的基础上,抄绘平面图、立面图、1-1 剖面图,补画背立面图,列门窗表。

(二)作业要求

1. 用 A3 幅面图纸绘制,比例 1∶100。

2. 图线分明,符合建筑制图标准。

3. 图面整洁。

1.

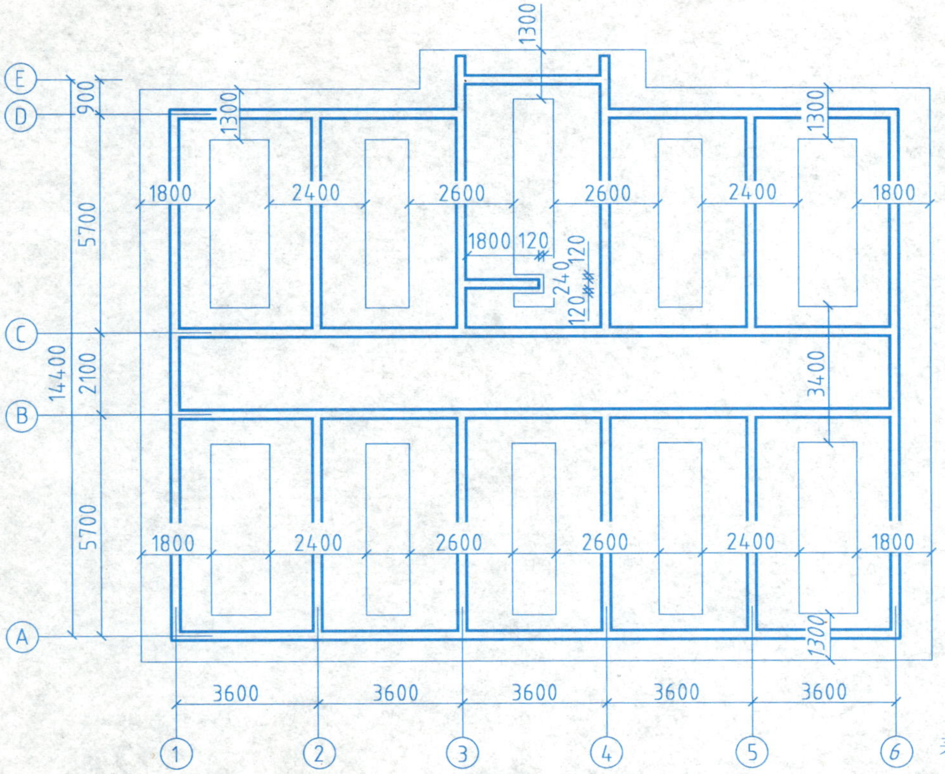

基础平面图1:100

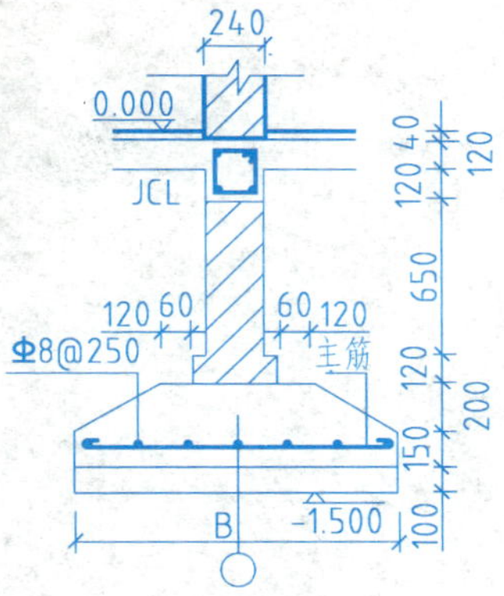

J1:30

基础宽度B	主筋
1300	Φ8@250
1800	Φ10@150
2400	Φ12@160
2600	Φ14@160

(一)作业内容

1. 了解一般民用建筑基础平面图和基础详图的表达内容和图示特点。

2. 在阅读理解的基础上，抄绘基础平面图和基础详图。

(二)作业要求

1. 用 A3 幅面图纸绘制，比例 1∶100(详图用 1∶10)。
2. 图线分明，符合建筑制图标准。
3. 图面整洁。

2.

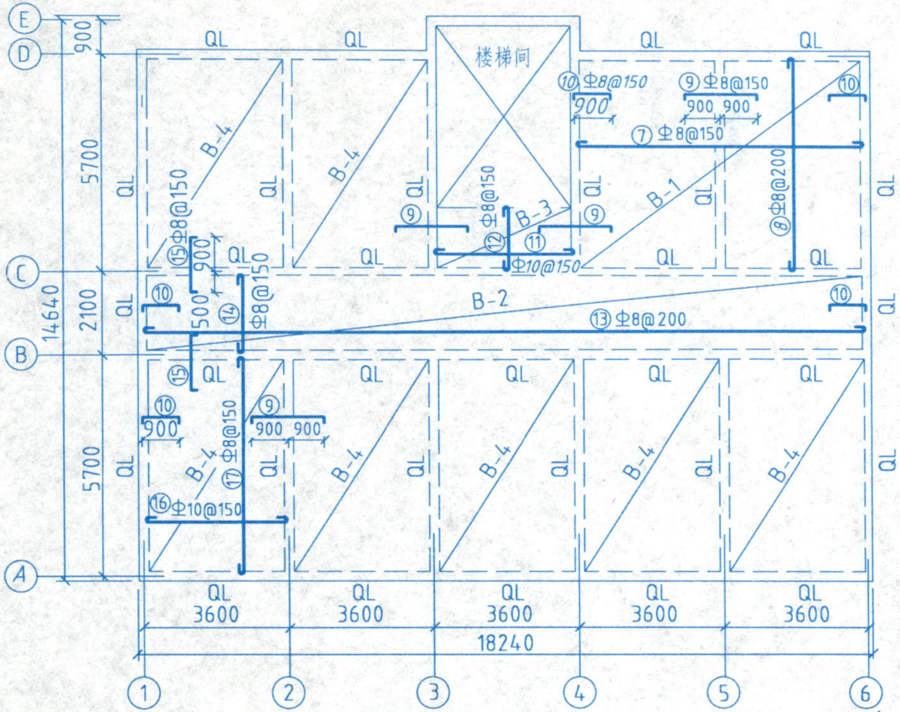

楼层结构平面图1:100

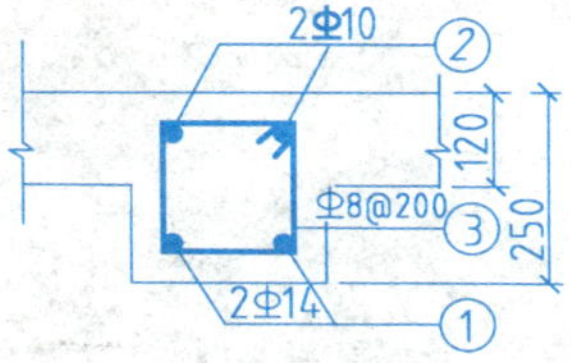

L1:10(L=3840)

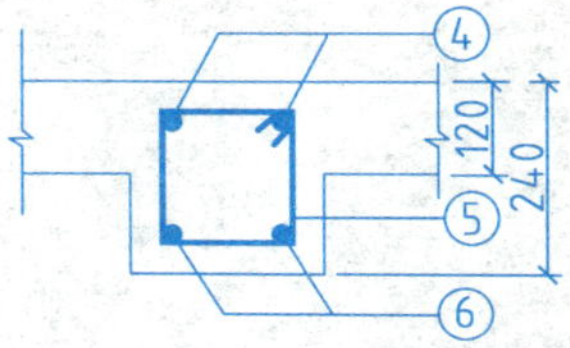

QL(内墙)1:10

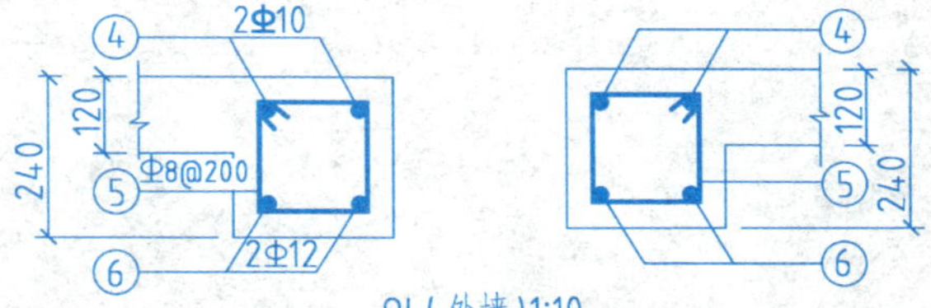

QL(外墙)1:10

(一)作业内容

1. 了解一般民用建筑结构施工图的表达内容和图示特点。
2. 在阅读理解的基础上，抄绘楼层结构平面图和梁断面图。

(二)作业要求

1. 用 A3 幅面图纸绘制，比例 1∶100(梁断面图用 1∶10)。
2. 图线分明，符合建筑制图标准。
3. 图面整洁。

11-4　室内给排水图知识填空

1. 给水与排水专业制图除了要符合投影原理外，还应遵守(　　　　　　　　)(GB/T 50106—2001)和(　　　　　　)(GB/T 50001—2001)以及国家现行的有关标准、规范的规定。

2. 室内给水系统的流程为：(　　—　　—　　—　　—　　—　　)。室内排水系统的流程为：(　　—　　—　　—　　)。

3. 常用(　　)作为给水系统和给水管的代号，用(　　)作为废水系统和废水管的代号，用(　　)作为污水系统和污水管的代号。

4. 室内给水与排水施工图通常由(　　、　　、　　、　　)等组成。

5.《给水排水制图标准》规定，给水排水轴测图宜按 45°正面斜轴测投影法绘制，我国习惯采用(　　)来绘制轴测图。

6. 在给水系统中，标高以(　　)为准，一般要注引水管、阀门、放水龙头、卫生设备的连接支管，各层楼地面、屋面、水箱的顶面和底面等处的标高。在排水系统图中，横管的标高以(　　　　)，一般应标注立管上的通气帽、检查口、排出管的起点标高。

7. 给水排水管的管径尺寸应以(　　)为单位，以(　　　　)表示。

8. 阅读教材图 9-24、图 9-25、图 9-26、图 9-27、图 9-30、图 9-31，完成下列各题：

(1)统计系统中阀门、水表和放水龙头的数量(不包括水箱及其附件)。

(2)在给水系统中，总进水管的标高为(　　)、管径为(　　)，立管在各层分支处的标高分别为(　　　　)。

(3)排水系统中，各层检查口的标高分别为(　　)，−1.100m 指的是(　　)标高，5.980m 指的是(　　)标高。

(4)水箱两进水口的标高为(　　)、管径为(　　)，两出水口的标高为(　　)、管径为(　　)。水箱上标高为 14.300、管径 DN70 的管子为(　　)，这根管子的作用是(　　　　)。

(5)立管 JL－1 为(　　)边(　　)层住户供水，立管 JL－2 为(　　)边(　　)层住户供水，JL－3 为(　　)边(　　)层住户供水，JL－4为(　　)边(　　)层住户供水；FL－1 为(　　)边(　　)层住户排除废水，FL－2 为(　　)边(　　)层住户排除废水；WL－1 为(　　)边(　　)层住户排除大便器所排出的污水，WL－2 为(　　)边(　　)层住户排除大便器所排出的污水。

9. 填写下列图例符号的名称及字母、数字的含义。

第十二单元　钢结构图

钢结构图

根据给出的焊缝类型示意图，在右图中对焊缝进行标注。

(1)带钝边 V 形焊缝，单面焊。

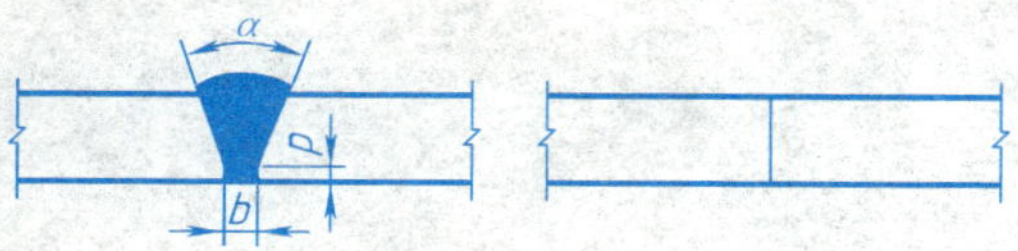

(2)带钝边 V 形焊缝，双面焊。

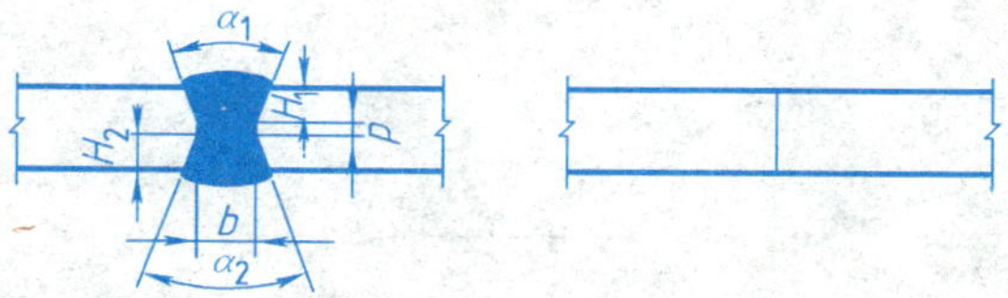

(3)角焊缝，双面焊。

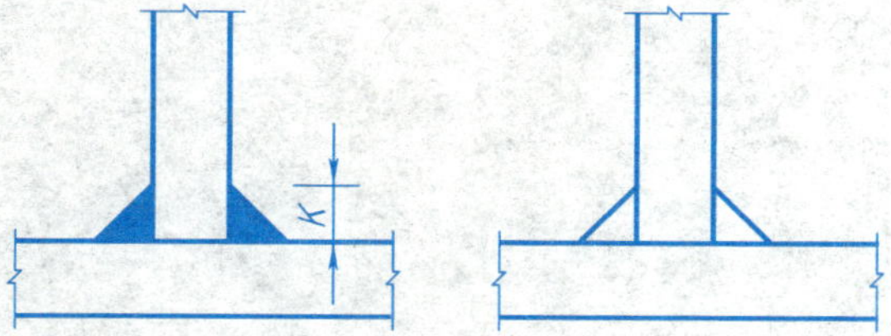

(4)角焊缝，3 个焊件相互焊接。

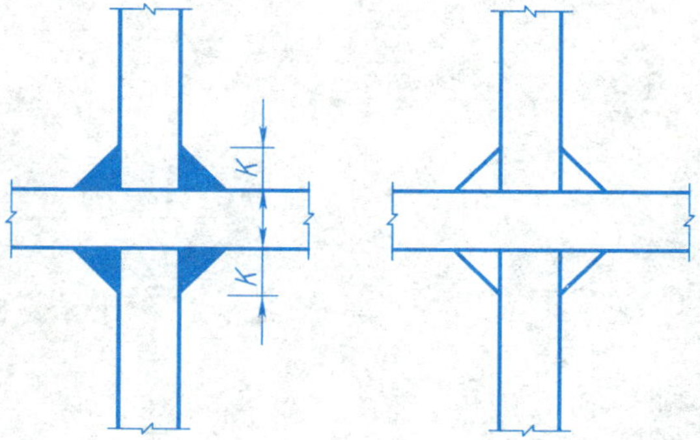

(5)角焊缝，三面焊。

参考文献

[1] 国家技术监督局. 中华人民共和国国家标准. 技术制图与机械制图[S]. 北京:中国标准出版社,1996.
[2] 汪恺. 技术制图国家标准宣贯教材[M]. 北京:中国计量出版社,1997.
[3] 劳动和社会保障部中国就业培训技术指导中心. 制图员国家职业资格培训教程[M]. 北京:中央广播电视大学出版社,2003.
[4] 徐炳松. 画法几何及机械制图[M]. 2 版. 北京:高等教育出版社,1999.
[5] 金大鹰. 机械制图习题集[M]. 5 版. 北京:机械工业出版社,2000.
[6] 钱可强. 机械制图习题集[M]. 北京:化学工业出版社,2001.
[7] 胡建生. 机械制图习题集[M]. 3 版. 北京:机械工业出版社,2006.